U0172636

Twenty Lessons on Architectural Art
by Liang Sicheng & Lin Huiyin

梁思成 林徽因
建筑艺术二十讲

梁思成 林徽因　著

天津出版传媒集团

天津人民出版社

图书在版编目（CIP）数据

梁思成林徽因建筑艺术二十讲 / 梁思成, 林徽因著
. -- 天津：天津人民出版社, 2023.1（2023.6重印）
　　ISBN 978-7-201-19093-8

　　Ⅰ.①梁… Ⅱ.①梁… ②林… Ⅲ.①建筑艺术 – 文
集 Ⅳ.①TU-8

中国版本图书馆CIP数据核字(2022)第245821号

梁思成林徽因建筑艺术二十讲
LIANGSICHENG LINHUIYIN JIANZHU YISHU ERSHIJIANG

梁思成　林徽因　著

出　　版　天津人民出版社
出 版 人　刘　庆
地　　址　天津市和平区西康路35号康岳大厦
邮政编码　300051
邮购电话　（022）23332459
电子信箱　reader@tjrmcbs.com

责任编辑　玮丽斯
监　制　黄　利　万　夏
特约编辑　邓　华　丁礼江
营销支持　曹莉丽
装帧设计　**紫图装帧**

制版印刷　艺堂印刷（天津）有限公司
经　　销　新华书店
开　　本　710毫米×1000毫米　1/16
印　　张　18
字　　数　267千字
版次印次　2023年1月第1版　2023年6月第2次印刷
定　　价　109.90元

1922 年，北京景山后街雪池胡同林家，21 岁的梁思成和 18 岁的林徽因

  梁思成和林徽因相识于 1918 年，时梁思成 17 岁，林徽因 14 岁，由于两人的父亲是多年的好友，两家大人有意撮合两个孩子。1921 年，梁思成和林徽因在双方家长的同意下，正式开始交往。1924 年，梁思成和林徽因双双赴美求学。他们选定宾夕法尼亚大学建筑系，该校建筑系是美国建筑学界古典主义学术的大本营。20 世纪 30 年代以后，中国建筑学界有"北有梁思成、杨廷宝，南有陈植与赵深"的说法，这"四大天王"，全部出自宾夕法尼亚大学。

1928年，梁思成林徽因二人在蜜月期间的合影

　　1928年，林徽因接受梁思成的求婚，婚礼后的蜜月旅行按梁启超精心安排的路线，英国、瑞典、挪威、德国、瑞士、意大利、西班牙、法国、土耳其，足以把欧洲的建筑精华看个遍。这对新婚夫妻把蜜月旅行当成了实习，他们变身相约一起考察的同学，要在有限的时间里验证所学。旅行没有留下任何文字记录，只有大量的照片、素描、水彩，成为他们日后建筑史教学与研究的素材库。她影响他，他又促成她，他们一起，成为那个年代的探路人。

1936年6月，林徽因在测绘山东兖州兴隆寺塔

　　1931年秋，梁思成、林徽因应邀加入中国营造学社。这是一个研究中国传统营造学的民间学术团体，只存在于1930年到1946年间，却为中国古代建筑史研究做出了重大贡献。

　　梁思成任法式部主任，林徽因任校理。法式部，顾名思义，最大的任务是研究《营造法式》。古代的营造，完全是一套独立的话语体系，该书对留洋归来的建筑师们来说，无疑是部"天书"。想要弄清中国古建筑的流变，想要破解"天书"密码，还需更广泛的田野调查，用实物来对照"翻译"。

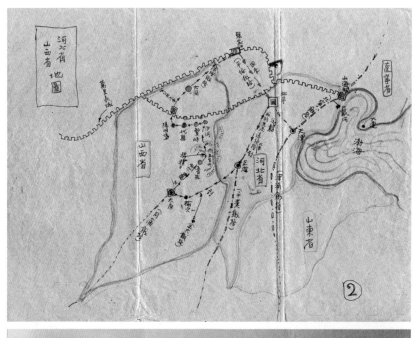

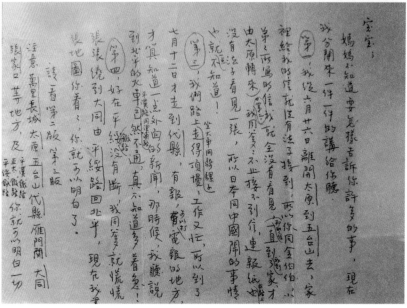

1937 年 7 月，林徽因写给女儿梁再冰的信并附上在山西考察古建筑的手绘路线图（清华大学艺术博物馆资料）

　　在乱世的喧嚣中，梁思成、林徽因等营造学社同仁，坐火车、汽车、独轮车、骑毛驴，风尘颠簸，寂寞走访山林、庙堂、乡村，寻找那些被战火摧残、被时代遗忘的古代建筑，体会中华民族蕴含在建筑中的美和对幸福生活的寄托。林徽因把这样的考察称为"辗转于天堂和地狱之间"，然而一旦发现精美奇特的构造，看到"艺术和人文景物的美的色彩"，又疲劳顿消，有置身天堂般的快乐。

编者前言

与其他艺术不一样的是，建筑的存在价值是实用功能，其艺术美感以技术维持，是一种理性的美。一般人谈不好建筑艺术。而梁思成、林徽因这对传奇的建筑夫妇，身兼建筑学技术专家、历史学家、设计家甚至还是文学家等多重身份，由他们讲解建筑艺术，可谓读者之福。

本书以普通读者为对象，从梁林二位先生的著述中选取合适篇目。以"认识建筑"6讲，介绍建筑基本常识；以"不同种类的建筑艺术"12讲，概括中国典型建筑并给予相应赏析；以"建筑的体系秩序"2讲，介绍建筑艺术民族特性并引入二位大师的建筑哲学。

本书最终有机而统一，成为系统系和普适性皆备的通识读本。

而梁文的简洁、林文的优美浪漫，互文成趣，则是本书的另一特色。

目 录

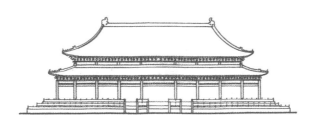

中 篇

不同种类的建筑艺术

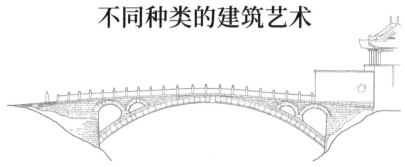

下 篇

建筑的体系秩序

三

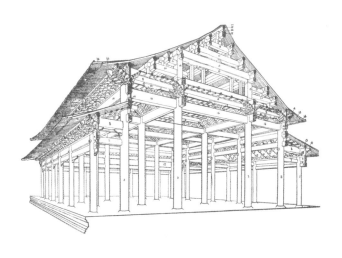

上篇

——

认识建筑

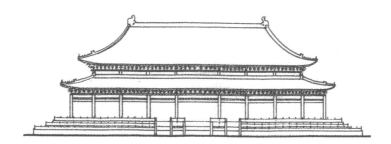

建筑是什么

在讲为什么我们要保存过去时代里所创造的一些建筑物之前，先要明了：建筑是什么？

最简单地说，建筑就是人类盖的房子，为了解决他们生活上"住"的问题。那就是：解决他们安全食宿的地方、生产工作的地方和娱乐休息的地方。"衣、食、住"自古是相提并论的，因为它们都是人类生活最基本的需要。为了这需要，人类才不断和自然做斗争。

自古以来，为了安定的起居，为了便利的生产，在劳动创造中人们就创造了房子。在文化高度发展的时代，要进行大规模的经济建设和文化建设，或加强国防，我们仍然都要先建筑很多为那些建设使用的房屋，然后才能进行其他工作。我们今天称它为"基本建设"，这个名称就恰当地表示房屋的性质是一切建设的最基本的部分。

人类在劳动中不断创造新的经验，新的成果，由文明曙光时代开始在建筑方面的努力和其他生产的技术的发展总是平行并进的，和互相影响的。人们积累了数千年建造的经验，不断地在实践中，把建筑的技能和艺术提高，例如：了解木材的性能，泥土沙石在化学方面的变化，在思想方面的丰富，和对造型艺术方面的熟练，因而形成一种最高度综合性的创造。古文献记载："上古穴居野处，后世圣人易之以宫室，上栋下宇以蔽风雨。"从穴居到木构的建筑就是经过长期的努力，增加了经验，丰富了知识而来。所以：

一、建筑是人类在生产活动中克服自然，改变自然的斗争的纪录。这个建筑活动就必定包括人类掌握自然规律，发展自然科学的过程。在建造各种类型的房屋的实践中，人类认识了各种木材、石头、泥沙的性能，那就是这些材料在一定的结构情形下的物理规律，这样就掌握了最原始的材料力学。知道在什么位置上使用多大或多小的材料，怎样去处理它们间的互相联系，就掌握了最简单的土木工程学。其次，人们又发现了某一些天然材料——特别是泥土与石沙等——在一定的条件下的化学规律，如经过水搅、火烧等，因此很早就发明了最基本的人工的建筑材料，如砖，如石灰，如灰浆等。发展到了近代，便包括了今天的玻璃、五金、水泥、钢筋和人造木等等，发展了化工的建筑材料工业。所以建筑工程学也就是自然科学的一个部门。

二、建筑又是艺术创造。人类对他们所使用的生产工具、衣服、器皿、武器等，从石器时代的遗物中我们就可看出，在这些实用器物的实用要求之外，总要有某种加工，以满足美的要求，也就是文化的要求，在住屋也是一样。从古至今，人类在住屋上总是或多或少地下过功夫，以求造型上的美观。例如：自有史以来无数的民族，在不同的地方，不同的时代，同时在建筑艺术上，是继续不断地各自努力，从没有停止过的。

三、建筑活动也反映当时的社会生活和当时的政治经济制度。如宫殿、庙宇、民居、仓库、城墙、堡垒、作坊、农舍，有的是直接为生产服务，有的是被统治阶级利用以巩固政权，有的被他们独占享受。如古代的奴隶主可以奴役数万人为他建筑高大的建筑物，以显示他的威权，坚固的防御建筑，以保护他的财产，古代的高坛、大台、陵墓都属于这种性质。在早期封建社会时代，如：吴王夫差"高其台榭以鸣得意"，或晋平公"铜鞮之宫数里"，汉初刘邦做了皇帝，萧何营未央宫，就明明白白地说："天子以四海为家，非令壮丽无以重威。"从这些例子就可以反映出当时的封建霸主剥削人民的财富，奴役人民的劳力，以增加他的威风的情形。在封建时代建筑的精华是集中在宫殿建筑和宗教建筑等等上，它是为统治阶级所利用以作为压迫人民的工具的；而在新民主主义和社会主义的人民政权时代，建筑就是为维护广大人民群众的利益和美好的生活而服务了。

四、不同的民族的衣食、工具、器物、家具，都有不同的民族性格或民族特征。数千年来，每一民族，每一时代，在一定的自然环境和社会环境中，积累了世代的经验，都创造出自己的形式，各有其特征，建筑也是一样的。在器物等方面，人们在科学方面采用了他们当时当地认为最方便最合用的材料，根据他们所能掌握的方法加以合理的处理成为习惯的手法，同时又在艺术方面加工做出他们认为最美观的纹样、体形和颜色，因而形成了普遍于一个地区一个民族的典型的范例，就成了那民族在工艺上的特征，成为那民族的民族形式。建筑也是一样。每个民族虽然在各个不同的时代里，所创造出的器物和建筑都不一样，但在同一个民族里，每个时代的特征总是一部分继续着前个时代的特征，另一部分发展着新生的方向，虽有变化而总是继承许多传统的特质，所以无论是哪一种工艺，包括建筑，不论属于什么时代，总是有它的一贯的民族精神的。

五、建筑是人类一切造型创造中最庞大、最复杂，也最耐久的一类，所以它所代表的民族思想和艺术，更显著、更多面，也更重要。

从体积上看，人类创造的东西没有比建筑在体积上更大的了。古代的大工程如秦始皇时所建的阿房宫，"前殿阿房，东西五百步，南北五十丈，上可以坐万人，下可以建五丈旗。"记载数字虽不完全可靠，体积的庞大必无可疑。又如埃及金字塔高四百八十九英尺[①]，屹立沙漠中遥远可见。我们祖国的万里长城绵亘二千三百余公里，在地球上大约是一件最显著的东西。

从数量上说，有人的地方就必会有建筑物。人类聚居密度愈大的地方，建筑就愈多，它的类型也愈多变化，合起来就成为城市。世界上没有其他东西改变自然的面貌如建筑这么厉害。在这大数量的建筑物上所表现的历

---

① 1 英尺约为 0.3048 米。——编者注

史艺术意义方面最多，也最为丰富。

从耐久性上说，建筑因是建造在土地上的，体积大，要承托很大的重量，建造起来不是易事，能将它建造起来总是付出很大的劳动力和物资财力的。所以一旦建筑成功，人们就不愿轻易移动或拆除它，因此被使用的期限总是尽可能地延长。能抵御自然侵蚀，又不受人为破坏的建筑物，便能长久地被保存下来，成为罕贵的历史文物，成为各时代劳动人民创造力量、创造技术的真实证据。

六、从建筑上可以反映建造它的时代和地方的多方面的生活状况、政治和经济制度，在文化方面，建筑也有高度的代表性。例如封建时期各国巍峨的宫殿、坚强的堡垒、不同程度的资本主义社会里的拥挤的工业区和紊乱的商业街市。中国过去的半殖民地半封建时期的通商口岸，充满西式的租界街市和半西不中的中国买办势力地区内的各种建筑，都反映着当时的经济政治情况，也是显示帝国主义文化入侵中国的最真切的证据。

以上六点，不但说明建筑是什么，同时也说明了它是各民族文化的一种重要的代表。从考古方面考虑各时代建筑问题时，实物得到保存，就是各时代所产生过的文化证据之得到保存。

第 2 讲
中国建筑的沿革

　　单单认识祖国各种建筑的类型，每种或每个地去欣赏它的艺术，估计它的历史价值，是不够的。考古工作者既有保管和研究文物建筑的任务，他们就必须先有一个建筑发展史的最低限度的知识。中国体系的建筑是怎样发展起来的呢？它是随着中国社会的发展而发展的。它是以各时代的一定的社会经济作基础的，既和当时的社会的生产力和生产关系分不开，也和当时占统治地位的世界观，也就是当时的人所接受所承认的思想意识分不开的。

　　试就中国历史的几个主要阶段和它当时的建筑分别作一讲述。例如：（一）商殷、周到春秋、战国；（二）秦、汉到三国；（三）晋魏六朝；（四）隋、唐、五代、辽；（五）宋、金、元；（六）明、清两朝。

一、商殷、周、春秋、战国

　　商殷是奴隶社会时代，周初到春秋战国虽然已经有封建社会制度的特征，但基本上奴隶制度仍然存在，农奴和俘虏仍然是封建主的奴隶。奴隶主和封建初期的王侯，都拥有一切财富：他们的财产包括为他们劳动的人民——奴隶和俘虏。什么帝，什么王都迫使这些人民为他们建造他们所需要的建筑物。他们所需要的建筑是怎样的呢？多半是利用很多奴隶的劳动力筑起有庞大体积的建筑物。

例如：因为他们要利用鬼神来迷惑为他们服劳役的人民，所以就要筑起祭祀用的神坛；因为他们时常出去狩猎，就要建造登高远望的高台；他们生前要给自己特别尊贵高大的房子，所谓"治宫室"以显示他们的统治地位；死后一定要极为奢侈坚固的地窖，所谓"造陵墓"，好保存他们的尸体，并且把生前的许多财物也陪葬在里面，满足他们死后仍能占有财产的观念。他们需要防御和他们敌对的民族或部落，他们就需要防御的堡垒、城垣和烽火台。虽然在殷的时代宫殿（图 2-1）的结构还是很简单的，但比起更简单而原始的穴居时代，和初有木构的时代当然已有了极大的进步。

到了周初，建筑工程的技术又进了一步。《诗经》上描写周初召来"司空""司徒"，证明也有了管工程的人，有了某种工程上的组织来进行建筑活动，所谓"营国筑室"也就是有计划地来建造一种城市。所谓"作庙翼翼"，立"皋门""应门"等等，显然是对建筑物的结构、形状、类型和位置，都做了艺术性的处理。

到了春秋和战国时期，不但生产力提高，同时生产关系又有了若干转变。那时已有小农商贾，从事工艺的匠人也不全是以奴隶身份来工作的，一部分人民都从事各种手工业生产，墨子就是一个。又如记载上说"公输子之巧"，传说鲁班是木工中最巧的匠人，还可以证明当时个别熟练匠人虽仍是被剥削的劳动人民，但却因为他的"巧"而被一般人民重视的。在建筑上七国的燕、赵、楚、秦的封建主都是很奢侈的。所谓"高台榭""美宫室"的作风都很盛。依据记载，有人看见秦的宫室之后说："使鬼为之，则劳神矣，使人为之，亦苦民矣。"这样的话，我们可以推断当时建筑技术必是比以前更进步的，同时仍然是要用许多人工的。

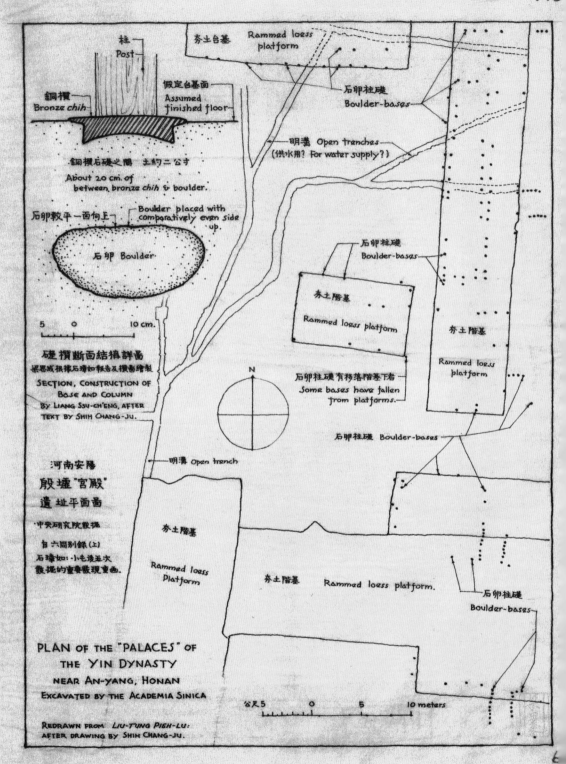

图 2-1　河南安阳殷墟是被证实的中国历史上第一个都城，
上图为商朝后期都城殷墟"宫殿"遗址平面图

二、秦、汉到三国

秦统一中国，秦始皇的建筑活动常见于记载，是很突出的，并且规模都极大。如：筑长城、铺驰道等。他还模仿各种不同的宫殿，造在咸阳北陂上，先有宫室一百多处，还嫌不足，又建有名的阿房宫。宫的前殿据说是"东西五百步，南北五十丈，上可坐万人，下可立五丈旗"，当然规模宏大。秦始皇还使工匠们造他的庞大而复杂的坟墓。在工程和建筑艺术方面，人民为了这些建筑物发挥智慧，必定又创造了许多新的经验。但统治者的剥削享乐和豪强兼并，土地集中在少数人手中，引起农民大反抗。秦末汉初，农民纷纷起义，项羽打到咸阳时，就放火烧掉秦宫殿，火三月不灭。在建筑上，人民的财富和技术的精华常常被认为是代表统治者的贪心和残酷的东西，在斗争中被毁灭了去，项羽烧秦宫室便是个最早、最典型的例子。

图 2-2 1939—1940 年间，梁思成在四川雅安测绘高颐阙

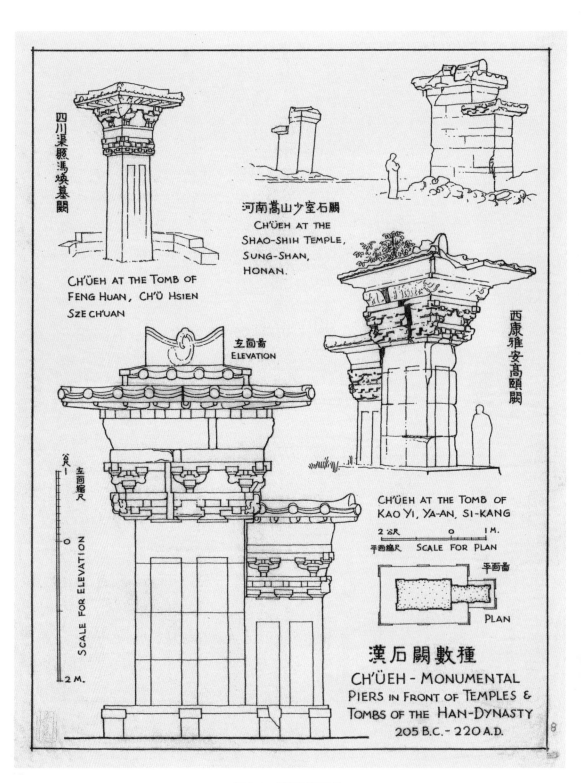

四川渠縣馮煥墓闕

CH'ÜEH AT THE TOMB OF
FENG HUAN, CH'Ü HSIEN
SZE CH'UAN

河南嵩山少室石闕

CH'ÜEH AT THE
SHAO-SHIH TEMPLE,
SUNG-SHAN,
HONAN.

西康雅安高頤闕

立面圖
ELEVATION

立面縮尺
SCALE FOR ELEVATION

0

2 M.

CH'ÜEH AT THE TOMB OF
KAO YI, YA-AN, SI-KANG

2 公尺　　　0　　　1 M.
平面縮尺　SCALE FOR PLAN

平面圖

PLAN

漢石闕數種
CH'ÜEH - MONUMENTAL
PIERS IN FRONT OF TEMPLES &
TOMBS OF THE HAN-DYNASTY
205 B.C. - 220 A.D.

图 2-3　汉朝石阙手绘

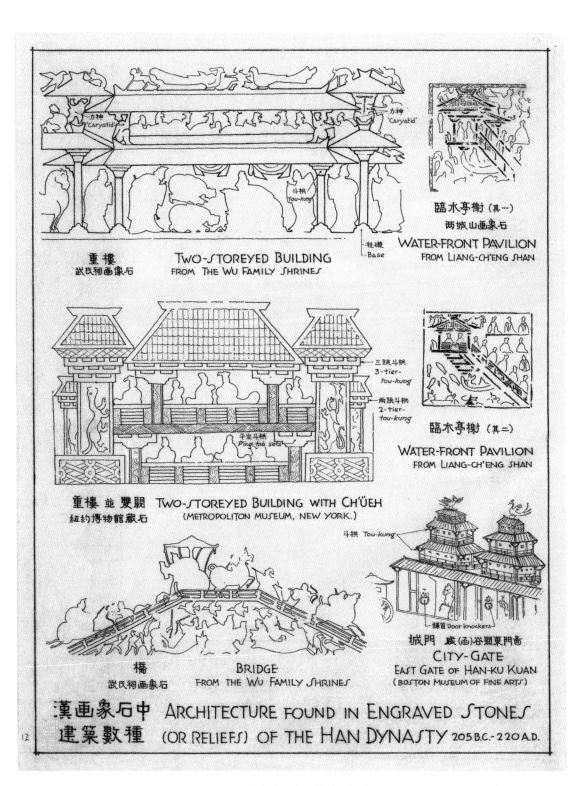

图 2-4　汉画像石中表现的数种建筑

汉初，刘邦取得胜利又统一了中国之后，仍然用封建制度，自居于统治地位。他的子孙一代代由西汉到东汉又都是很奢侈的帝王，不断为自己建造宫殿和离宫别馆。据汉史记载：汉都长安城中的大宫，就有有名的未央宫、长乐宫、建章宫、北宫、桂宫和明光宫等，都是庞大无比的建筑。在两汉文学作品中更有许多关于建筑的描写，歌颂当时的建筑上的艺术和它们华丽丰富的形象的。例如：有名的《鲁灵光殿赋》《两都赋》《两京赋》等等。

在实物上，今天还存在着汉墓前面的所谓"石阙"（图2-2、图2-3）、"石祠"，在祠坛上有石刻壁画（在四川、山东和河南省都有，图2-4），还有在悬立的石崖上凿出的"崖墓"。此外还有殉葬用的"明器"（它们中很多是陶制的各种房屋模型），和墓中有花纹图案的大空心砖块和砖柱。所以对于汉代建筑的真实形象和细部手法，我们在今天还可以看出一个梗概来。

汉代的工商业兴盛，人口增加，又开拓疆土，向外贸易，发展了灿烂的早期封建文化；大都市布满全国，只是因为皇帝、贵族、官僚、地主、商人和豪强都一齐向农民和手工业工人进行剥削和超经济的暴力压榨。

汉末，经过长时期的破坏，饥民起义和军阀割据的互相残杀到了可怕的程度，最富庶的地方，都遭到剧烈的破坏，两京周围几百里彻底地被毁灭了，黄河人口集中的地区竟是"千里无人烟"或到了"人相食"的地步。汉建筑的精华和全面的形象所达到的水平，绝不是今天这一点剩余的实物所能够代表的。我们所了解的汉代建筑，仍然是极少的。由三国或晋初的遗物上看来，汉末已成熟的文化艺术，虽经浩劫，一些主要传统和特征仍然延续留传下来。

所谓三国，在地区上除却魏在华北外，中国文化中心已分布在东南沿长江的吴，和在西南四川山岳地带盆地中的蜀，汉代建筑和各种工艺是在很不同的情形下得到保存或发展的。长安、洛阳两都的原有精华，却是被破坏无遗。但在战争中人民虽已穷困，统治者匆匆忙忙地却还不时兴工建造一些台榭取乐，曹操的铜雀台，就是有名的例子。在艺术上，三国时代基本上还是汉风的尾声。

三、晋魏六朝

汉的文化艺术经过大劫延续到了晋初，因为逐渐有由西域进入的外来影响，艺术作风上产生了很多新的因素。在成熟的汉的手法上，发展了比较和缓而极丰富的变化。但是到了北魏，经过中间五胡乱华的一个大混乱时期，北方外来民族侵入中原，占据统治地位，并且带来大量的和中国文化不同体系的艺术影响，中国的工艺和建筑活动，便突然起了更大的变化。

石虎和赫连勃勃两个北方民族的统治者进入中国之后，都大建宫殿，这些建筑，只见于文献记载，没有实物作证，形式手法到底如何，不得而知。我们可以推想木构的建筑，变化很小，当时的技术工人基本是汉族人民，但用石料刻莲花建浴室等，有很多是外来影响。

北魏的统治者是鲜卑族，建都在大同时凿了云冈的大石窟寺，最初式样曾依赖西域僧人，所以由刻像到花纹都带着浓重的西域和印度的手法情调。迁都到了洛阳之后，又造龙门石窟。时中国匠人对于雕刻佛像和佛教故事已很熟练，艺术风格就是在中国的原有艺术上吸取了外来影响，尝试了自己的创造。虽然题材仍然是外来的佛教，而在表现手法上却有强烈的中国传统艺术的气息和作风。

建筑活动到了这时期，除却帝王的宫殿之外，最主要的主题是宗教建筑物，如：寺院、庙宇、石窟寺或摩崖造像、木塔、砖塔、石塔等等，都有许多杰出的新创造。希腊、波斯艺术在印度所产生的影响，又由佛教传到中国来。在木构建筑物方面，外国影响始终不大，只在原有结构上或平面布局上加以某些变革来解决佛教所需要的内容。

最显明的例子就是塔。当时的塔基本上是汉代的"重屋"，也就是多层的小楼阁，上面加了佛教的象征物，如塔顶上的"覆钵"和"相轮"（这个部分在塔尖上称作"刹"，就是个缩小的印度的墓塔，中国译音的名称是"窣堵坡"或"塔婆"）。

除了塔之外，当时的寺院根本和其他非宗教的中国院落和殿堂建筑没有分别，只是内部的作用改变了性质，因是为佛教服务的，所以凡是艺术、

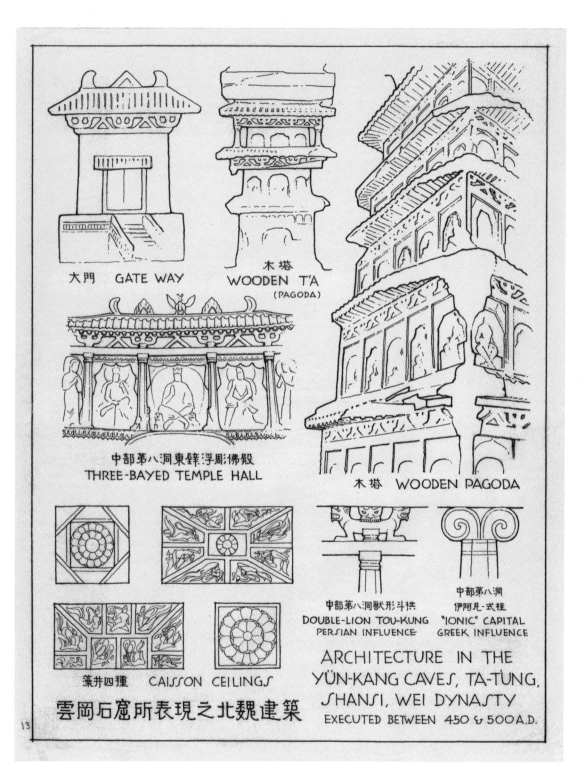

大門 GATE WAY

木塔 WOODEN T'A (PAGODA)

中部第八洞東鑄浮雕佛殿
THREE-BAYED TEMPLE HALL

木塔 WOODEN PAGODA

藻井四種 CAISSON CEILINGS

雲岡石窟所表現之北魏建築

中部第八洞獸形斗拱
DOUBLE-LION TOU-KUNG
PERSIAN INFLUENCE

中部第八洞
伊阿尼-式程
"IONIC" CAPITAL
GREEK INFLUENCE

ARCHITECTURE IN THE
YÜN-KANG CAVES, TA-TUNG,
SHANSI, WEI DYNASTY
EXECUTED BETWEEN 450 & 500 A.D.

图 2-5　云冈石窟中表现的北魏时期建筑，
由刻像到花纹都带着浓重的西域和印度的手法情调

图 2-6 河南洛阳龙门石窟佛像，在表现手法上已有强烈的中国传统艺术的气息和作风

装饰和壁画等，主要都是传达宗教思想的题材。那时劳动人民渗入自己虔诚的宗教热情，创造了活跃而辉煌的艺术。

这时期里，比木构耐久的石造和砖造的建筑和雕刻，保存到今天的还很多，都是今天国内最可贵的文物，它们主要代表雕刻，但附带也有表现当时建筑的。如：敦煌、云冈（图 2-5）、龙门（图 2-6）、南北响堂山、天龙山等著名的石窟，和与它们同时的个别小型的"造像石"。还有独立的建筑物，如：嵩山嵩岳寺砖塔，和山东济南郊外的四门塔。当时的木构建筑，因种种不利的条件，没有保存到现在的。

南朝佛教的精华大多数是木构的，但现时也没有一个存在的实物，现时所见只有陵墓前的石刻华表和狮子等。南北朝时期中木构建筑只有一座木塔，在文献中描写得极为仔细，那就是著名的北魏洛阳"胡太后木塔"。这篇写实的记载给了我们很多可贵的很具体的资料供我们参考，且可以和隋、唐以后的木构及塔形做比较的。

四、隋、唐、五代、辽

在南北朝割据的局势不断的战争之后，隋又统一中国，土地的重新分配，提高了生产力，所以在唐中叶之前，称为太平盛世。当时统治阶级充分利用宗教力量来帮助他们统治人民，所以极力提倡佛教，而人民在痛苦之中，依赖佛教超度来生的幻想来排除痛苦，也极需要宗教的安慰，所以佛教愈盛行，则建寺造塔，到处是宗教建筑的活动。

同时，为统治阶级所喜欢的道教的势力，也因为得到封建主的支持，而活跃起来。金碧辉煌的佛堂和道观布满了中国，当时的工匠都将热情和力量投入许多艺术创造中，如：绘画、雕刻、丝织品、金银器物等等。建筑艺术在那时是达到高度的完美。由于文化的兴盛，又由于宗教建筑物普遍于各地，熟练工匠的数目增加，传播给徒弟的机会也多起来。建筑上各部做法和所累积和修正的经验，积渐总结，成为制度，凝固下来。

唐代建筑物在塑型上，在细部的处理上，在装饰纹样上，在木刻石刻的手法上，在取得外轮线的柔和或稳定的效果上，都已有极谨严、极美妙的方法，成为那时代的特征。五代和辽的实物基本上是承继唐代所凝固的风格及做法，就是宋初的大建筑和唐末的作风也仍然非常接近。

毫无疑问的，唐中叶以前，中国建筑艺术达到了一个艺术高峰，在以后的宋、元、明、清几次的封建文化高潮时期，都没有能再和它相比的。追究起来，最大原因是当时来自人民的宗教艺术多样性的创造，正发扬到灿烂的顶点，封建统治阶级只是夺取这些艺术活力为他们的政权和宫廷享乐生活服务，用庞大的政治经济实力支持它，庞大宫殿、苑囿、离宫、别馆都是劳动人民所创造。

一直到了人民又被压榨得饥寒交迫，穷困不堪，而统治者腐化昏庸，贪欲无穷，经济军事实力，已不能维持自己政权。边区的其他政权和外族侵略威胁愈来愈厉害的时期，农民起义和反抗愈剧烈。劳动人民对于建筑艺术才绝无创造的兴趣。这样时期，对统治者的建造都只是被迫着供驱役、赖着熟练技术工人维持着传统手法而已。政权中心的都城长安城中，繁荣和破坏力量，恰是两个极端。但一直到唐末，全国各处对于宗教建筑的态度，却始终不同。人民被宗教的幻想幸福所欺骗，仍然不失掉自己的热心，艺术的精心作品仍时常在寺院、佛塔、佛像、雕刻上表现出来。

五、宋、金、元

宋初的建筑也是五代唐末的格式，同辽的建筑也无大区别。但到了1000年（宋真宗）前后，因为在运河经疏浚后和江南通航，工商业大大发展，宋都汴梁（今开封），公私建造都极旺盛，建筑匠人的创造力又发挥起来，手法开始倾向细致柔美，对于建筑物每个部位的塑形，更敏感、更注意了。各种的阁，各种的楼都极窈窕多姿，作为北宋首都和文化中心的汴梁，是介于南北两种不同的建筑倾向的中间，同时受到南方的秀丽和北方的壮硕风格的影响。这时期宋都的建筑式样，可以说，或多或少的是南北作风的结合，并且也起了为南北两系作媒介的作用。

汴京当时多用重楼飞阁一类的组合，如《东京梦华录》中所描写的樊楼等。宫中游宴的后苑中，藏书楼阁每代都有建造，寺观中华美的楼阁也占极重要的位置，它们大略的风格和姿态，我们还能从许多宋画中见到，最写实的，有《黄鹤楼图》《滕王阁图》《金明池图》等等。

日本镰仓时期的建筑，也很受我们宋代这时期建筑的影响。有一主要特征，就是歇山山花间前的抱厦，这格式宋以后除了金、元有几个例子外，几乎不见了。当时却是普遍的作风。今天北京故宫紫禁城的角楼，就是这种式样的遗风。

北宋之后，文化中心南移，南京的建筑，一方面受到北宋官式制度的影响，一方面又有南方自然环境材料的因素和手法与传统的一定条件，所发展出的建筑，又另有它的特征，和北宋的建筑不很相同了。在气魄方面失去唐全盛时的雄伟，但在绮丽和美好的加工方面，宋代却有极大贡献。

金、元都是外族入侵而在中国统治的时代，就是对于技术匠人的重视，也是以掠夺来的战利品看待他们，驱役他们给统治者工作。并且金、元的建设都是在经过一个破坏时期之后，在那情形下，工艺水平降低很多，始终不能恢复到宋全盛时期的水平。金的建筑在外表形式上或仿汴梁宫殿，或仿南宋纤细作风，不一定尊重传统，常常窜改结构上的组合，反而放弃宋代原来较简单合理和优美的做法，而增加烦琐无用的部分。我们可以由

一七

上篇 认识建筑

金代的殿堂实物上看出它们许多不如宋代的地方。

据南宋人纪录，金中都的宫殿是"穷极工巧"，但"制度不经"，意思就是说金的统治者在建造上是尽量浪费奢侈，但制度形式不遵循传统，相当混乱。但金人自己没有高度文化传统，一切接受汉族制度，当时金的中都的规模就是模仿北宋汴梁，因此保存了宋的宫城布局的许多特点。这种格式可由元代承继下来传到明、清，一直保存到今天。

元的统治时期，中国版图空前扩大，横跨欧、亚两洲，大陆上的交通使中国和欧洲有若干文化上的交流。但是蒙古的统治者剥削人民财富，征税极为苛刻，经济是衰疲的，只有江浙的工商业情形稍好。人民虽然困苦不堪，宫殿建筑和宗教建筑（当时以藏传佛教为主）仍然很侈大。当时陆路和海路常有外族的人才来到中国，在建筑上也曾有一些阿拉伯、波斯或中国西藏等地的影响，如在忽必烈的宫中引水作喷泉，又在砖造的建筑上用彩色的琉璃砖瓦等。

在元代的遗物中，最辉煌的实例就是北京内城有计划的布局规模，它是总结了历代都城的优良传统，参考了中国古代帝都规模，又按照北京的

图2-7　具有元代显著特征的云南镇南广福寺文昌宫立面图

特殊地形、水利的实际情况而设计的。今天它已是祖国最可骄傲的一个美丽壮伟的城市格局。元的木构建筑经过明、清两代建设之后，实物保存到今天的，国内还有若干处，但北京城内只有可怀疑的与已毁坏而无条件重修的一两处，所以元代原物已是很可贵的研究资料。从我们所见到的几座实物看来，它们在手法上还有许多是宋代遗制，经过金朝变革的具体例子，如工字殿和山花向前的作风等（图 2-7）。

六、明、清

　　明代推翻元的统治政权，是民族复兴的强烈力量。最初朱元璋首都设在南京，派人将北京元故宫毁去，元代建筑精华因此损失殆尽。在南京征发全国工匠二十余万人建造宫殿，规模很宏壮，并且特别强调中国原有的宗教礼节，如天子的郊祀（祭天地和五谷的神），所以对坛庙制度很认真。四十年后，朱棣（明永乐）迁回北京建都，又在元大都城的基础上重新建设。今天北京的故宫大体是明初的建设。虽然绝大部分的个别殿堂都由清代重建了，明原物还剩了几个完整的组群和个别的大殿几座。社稷坛、太庙（即现在的中山公园、劳动人民文化宫）和天坛，都是明代首创的宏丽的大建筑组群，尤其是天坛的规模和体形是个杰作。

　　明初民气旺盛，是封建经济复兴时期，汉族匠工由半奴隶的情况下改善了，成为手工业技术匠师，工人的创造力大大提高，工商业的进步超越过去任何时期。在建筑上，表现在气魄庄严的大建筑组群上，应用壮硕的好木料，和认真的工程手艺。工艺的精确端整是明的特征。明代墙垣都用临清砖，重要建筑都用楠木柱子，木工石刻都精确不苟，结构都交代得完整妥帖，外表造型朴实壮大而较清代的柔和。梁架用料比宋式规定大得多，瓦坡比宋斜陡，但宋代以来，缓和弧线有一些仍被采用在个别建筑上，如角柱的升高一点使瓦檐四角微微翘起，或如柱头的"卷杀"，使柱子轮廓柔和许多等等的造法和处理。但在金以后，最显著的一个转变就是除在结构方面有承托负重的作用外，还强调斗栱在装饰方面的作用，在前檐两柱之间把它们增多，每个斗栱同建筑物的比例也缩小了，成为前檐一横列的装饰物。明、清的斗栱都是密集的小型，不像辽、金、宋的那样疏朗而硕大。

明初洪武和永乐的建设规模都宏大。永乐以后太监当权，政治腐败，封建主昏庸无力，知识分子的宰臣都是没有气魄远见、只争小事的。明代文人所领导的艺术的表现，都远不如唐、宋的精神。但明代的工业非常发达，建筑一方面由老匠师掌握，一方面由政府官僚监督，按官式规制建造，没有蓬勃的创造性，只是在工艺上非常工整。

明中叶以后，寺庙很多是为贪污的阉官祝福而建的，如魏忠贤的生祠等。像这种的建筑，匠师多墨守成规，推敲细节，没有气魄的表现。而在全国各地的手工业作坊和城市的民房倒有很多是达到高度水平的老实工程。全部砖造的建筑和以高度技巧使用琉璃瓦的建筑物也逐渐发展。技术方面有很多的进展。明代的建筑实物到今天已是三五百年的结构，大部分都是很可宝贵的，有一部分尤其是极值得研究的艺术。

明、清两代的建筑形制非常近似。清初入关以后，在玄烨（康熙）、胤禛（雍正）的年代里由统治阶级指定修造的建筑物都是体形健壮、气魄宏大的，小部留有明代一些手法上的特征，如北京郑王府之类；但大半都较明代建筑生硬笨重，尤其是柁梁用料过于侈大，在比例上不合理，在结构上是浪费的。

到了弘历（乾隆），他聚敛了大量人民的财富，尽情享受，并且因宫廷趣味处在统治地位，自从他到了江南以后，喜爱南方的风景和建筑，故意要工匠仿南式风格和手法，采用许多曲折布置和纤巧图案，产生所谓"苏式"的彩画等等。因为工匠迎合统治阶级的趣味，所以在这期以后的许多建筑造法和清初的区别，正和北宋末崇宁间刊行《营造法式》时期和北宋初期建筑一样，多半是细节加工，在着重巧制花纹的方面下功夫，因而产生了许多玲珑小巧、萎靡烦琐的作风。这种偏向多出现在小型建筑或庭园建筑上。由圆明园的亭台楼阁开始，普遍地发展到府第店楼，影响了清末

图 2-8　北京圆明园海晏堂铜版图

　　海晏堂是圆明园内长春园北端西洋楼中最大的一幢建筑物。西洋楼建于乾隆十年至二十四年（1745—1759 年），由郎世宁、蒋友仁、王致诚等欧洲传教士设计监造，中国工匠施工营建，它吸收了西洋建筑中的巴洛克形式。

一切建筑。但清宫苑中的许多庭园建筑，却又有很多恰好是庄严平稳的宫廷建筑物，采取了江南建筑和自然风景配合的灵活布局的优良例子，如颐和园的谐趣园的整个组群和北海琼华岛北面游廊和静心斋等。

　　在这时期，中国建筑忽然来了一种模仿西洋的趋势，这也是开始于宫廷猎取新奇的心理，由圆明园建造的"西洋楼"（图 2-8）开端。当时所谓西洋影响，主要是模仿意大利文艺复兴的古典楼面，圆头发券窗子，柱头雕花的罗马柱子，彩色的玻璃，蚌壳卷草的雕刻和西式石柱、栏杆、花盆、墩子、狮子、圆球等各种缀饰。这些东西，最初在圆明园所用的，虽曾用琉璃瓦特别烧制，由意大利人郎世宁监造；但一般的这种格式花纹多用砖刻出，如恭王府花园和三海中的一些建筑物。北京西郊公园（即今天的动物园）的大门也是一个典型例子①，其他则在各城市的店楼门面上最易见到。颐和园中的石舫就是这种风格的代表。

中国建筑在体形上到此已开始呈现庞杂混乱的现象，且已是崇外思想在建筑上表现出来的先声。当时宫廷是由猎奇而爱慕西方商品货物，对西方文化并无认识。

到了鸦片战争以后，帝国主义武力侵略各口岸城市，产生买办阶级的崇洋媚外思想和民族自卑心理的时期，英美各国是以蛮横的态度，在我们祖国土地上建造适于他们的生活习惯的和殖民地化我们的房屋的。由广州城外的"十三行"和澳门葡萄牙商人所建造的房屋开始，形形色色的洋房洋楼便大量建造起来。祖国的建筑传统、艺术传统，城市的和谐一致的面貌，从此才大量被破坏了。

近三十年来中国的建筑设计转到知识分子手里，他们都是或留学欧美，或间接学欧美的建筑的，他们将各国的各时代建筑原封不动地搬到中国城市中来，并且竟鄙视自己的文化、自己固有的建筑和艺术传统，又在思想上做了西洋资本主义国家近代各流派建筑理论的俘虏。

中华人民共和国成立后，这些人经过爱国主义的学习才逐渐认识到祖国传统的伟大。祖国的建筑是过去的劳动人民在长期劳动中智慧的结晶，是我们一份极可骄傲的、辉煌的艺术遗产。这个认识及时纠正了前一些年代里许多人对祖国建筑遗物的轻视和破坏，但是保护建筑文物的工作不过刚刚开始，摆在我们面前的任务是很多很艰巨的。

---

① 北京西郊公园大门的砖雕于 1966 年被拆除。

第 3 讲
中国建筑的九大特征

　　中国建筑是从中国文化萌芽时代起就一脉相承，从来没有间断过地发展到今天的。从发展的过程上说，必然先有个体房屋，然后有组群，然后有城市；必然从所掌握的建筑材料，先满足适用的要求，然后才考虑满足观感上的要求；必然先解决结构上的问题，然后才解决装饰加工的问题。从殷墟宫殿遗址，作为后世中国建筑体系的基本特征最早的"胚胎"时代的例证开始，在约三千五百年的发展过程中，这些特征就一个个、一步步地形成、成长，并在不断的实践中丰富发展起来了。在这漫长的但一脉相承、持续不断的发展过程中，中国的传统建筑形成了以下一些最突出的特征。

一、框架结构

　　在个体房屋的结构方面，采用木柱木梁构成的框架结构，承托上部一切荷载。无论内墙外墙，都不承担结构荷载。"墙倒房不塌"这句古老的谚语最概括地指出了中国传统结构体系的最主要的特征。这种框架结构，如同现代的框架结构一样，必然在平面上形成棋盘形的结构网；在网格线上，亦即在柱与柱之间，可以按需要安砌（或不安砌）墙壁或门窗。这就赋予建筑物以极大的灵活性，可以做成四面通风、有顶无墙的凉亭，也可以做成密封的仓库。不同位置的墙壁可以做成不同的厚度。（图3-1）因此，运用这种结构就可以使房屋在从亚热带到亚寒带的不同气候下满足生活和生产所提出的千变万化的功能要求。

上面的荷载，无论是楼板或屋顶，都通过由立柱承托的横梁转递到立柱上。如果是屋顶，就在梁上重叠若干层逐层长度递减的小梁，各层梁端安置檩条，檩上再安椽子，以构成屋面的斜坡，如果是多层房屋，就将同样的框架层层叠垒上去。可能到了宋朝以后，才开始用高贯两三层的长柱修建多层房屋。

一般的房屋，从简朴的民居到巍峨的殿堂，都把这框架立在台基上。台基有高有低，有单层有多层，按房屋在功能上和观感上的要求而定。

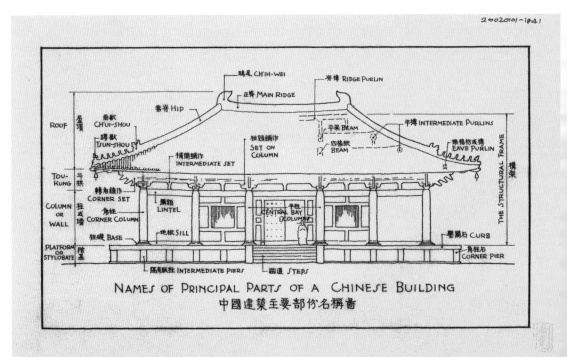

图 3-1　中国建筑框架结构及主要部分名称图

台基、按柱高形成的屋身和上面的屋顶往往是中国传统建筑构成的三个主要部分。

当然这些都是一般的特征。必须指出，与框架结构同时发展的也有用砖石墙承重的结构，也有砖拱、石拱的结构，在雨量小的地区也有大量平顶房屋，也有由于功能的需要而不做台基的房屋。这是必须同时说明的。

二、斗栱

中国木框架结构中最突出的一点是一般殿堂檐下非常显著的、富有装饰效果的一束束的斗栱。斗栱是中国框架结构体系中减少横梁与立柱交接点上的剪力的特有的部件（element），用若干梯形（trabizoidal）木块——斗（TYH）[①] 和弓形长木块——栱（TYH）[②] 层叠装配而成。斗栱既用于梁头之下以承托梁，也用于檐下将檐挑出。跨度或者出檐的深度越大，则重叠的层数越多。古代的匠师很早就发现了斗栱的装饰效果，因此往往也以层数之多少以表示建筑物的重要性。（图 3-2）但是明清以后，由于结构简化，将梁的宽度加大到比柱径还大，而将梁直接放在柱上，因此斗栱的结构作用几乎完全消失，比例上大大地缩小，变成了几乎是纯粹的装饰品。

三、模数

斗栱在中国建筑中的重要性还在于自古以来就以栱的宽度作为建筑设

---

① 为斗的俄文音注。——编者注
② 为栱的俄文音注。——编者注

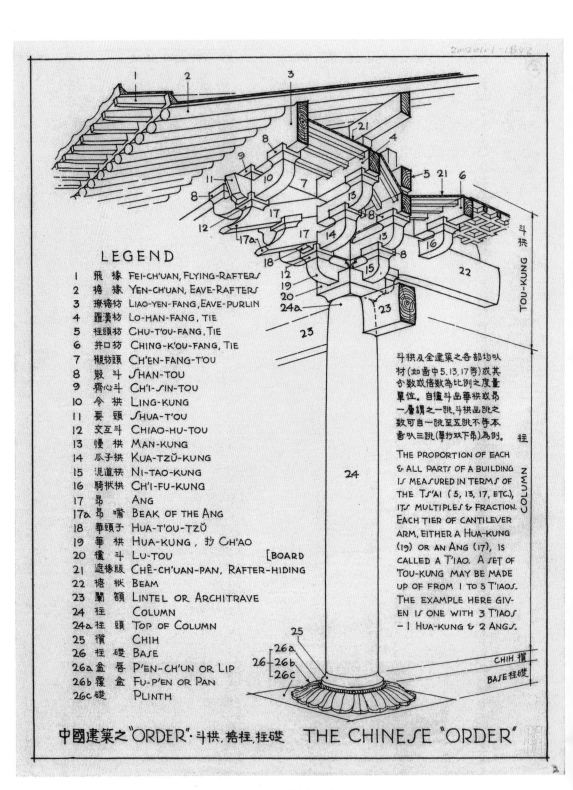

LEGEND

1 飛椽 FEI-CH'UAN, FLYING-RAFTERS
2 檐椽 YEN-CH'UAN, EAVE-RAFTERS
3 撩檐枋 LIAO-YEN-FANG, EAVE-PURLIN
4 羅漢枋 LO-HAN-FANG, TIE
5 柱頭枋 CHU-T'OU-FANG, TIE
6 井口枋 CHING-K'OU-FANG, TIE
7 襯枋頭 CH'EN-FANG-T'OU
8 散斗 SHAN-TOU
9 齊心斗 CH'I-SIN-TOU
10 令拱 LING-KUNG
11 耍頭 SHUA-T'OU
12 交互斗 CHIAO-HU-TOU
13 慢拱 MAN-KUNG
14 瓜子拱 KUA-TZŬ-KUNG
15 泥道拱 NI-TAO-KUNG
16 騎栿拱 CH'I-FU-KUNG
17 昂 ANG
17a 昂嘴 BEAK OF THE ANG
18 華頭子 HUA-T'OU-TZŬ
19 華拱 HUA-KUNG, 抄 CH'AO
20 櫨斗 LU-TOU
21 遮椽版 CHÊ-CH'UAN-PAN, RAFTER-HIDING [BOARD
22 檐栿 BEAM
23 闌額 LINTEL OR ARCHITRAVE
24 柱 COLUMN
24a 柱頭 TOP OF COLUMN
25 櫍 CHIH
26 柱礎 BASE
26a 盆唇 P'EN-CH'UN OR LIP
26b 覆盆 FU-P'EN OR PAN
26c 礎 PLINTH

斗拱及全建築之各部均以
材(如高中5.13.17等)或其
分數或倍數為比例之度量
單位。自櫨斗出華拱或昂
一層謂之一跳,斗拱出跳之
數可自一跳至五跳不等本
畫以三跳(單抄雙下昂)為的。

THE PROPORTION OF EACH
& ALL PARTS OF A BUILDING
IS MEASURED IN TERMS OF
THE TS'AI (5, 13, 17, ETC.),
ITS MULTIPLES & FRACTION.
EACH TIER OF CANTILEVER
ARM, EITHER A HUA-KUNG
(19) OR AN ANG (17), IS
CALLED A T'IAO. A SET OF
TOU-KUNG MAY BE MADE
UP OF FROM 1 TO 5 T'IAOS.
THE EXAMPLE HERE GIV-
EN IS ONE WITH 3 T'IAOS
— 1 HUA-KUNG & 2 ANGS.

斗拱 TOU-KUNG

栱 COLUMN

CHIH 櫍

BASE 柱礎

中國建築之"ORDER". 斗拱. 檐柱. 柱礎   THE CHINESE "ORDER"

图 3-2 斗拱各部分名称

计各构件比例的模数。宋朝的《营造法式》和清朝的《工部工程做法则例》都是这样规定的，同时还按照房屋的大小和重要性规定八种或九种尺寸的栱，从而订出了分等级的模数制。

四、标准构件和装配式施工

木材框架结构是装配而成的，因此就要求构件的标准化。这又很自然地要求尺寸、比例的模数化。传说金人破了宋的汴梁，就把宫殿拆卸，运到燕京（今天的北京）重新装配起来，成为金的皇宫的一部分。这正是由于这个结构体系的这一特征才有可能的。

五、富有装饰性的屋顶

中国古代的匠师很早就发现了利用屋顶以取得艺术效果的可能性。《诗经》里就有"作庙翼翼"之句。三千年前的诗人就这样歌颂祖庙舒展如翼的屋顶。到了汉朝，后世的五种屋顶——四面坡的庑殿顶，四面、六面、八面坡或圆形的攒尖顶，两面坡但两山墙与屋面齐的硬山顶，两面坡而屋面挑出到山墙之外的悬山顶，以及上半是悬山而下半是四面坡的歇山顶——就已经具备了。可能在南北朝，屋面已经做成弯曲面。檐角也已经翘起，使屋顶呈现轻巧活泼的形象。结构关键的屋脊、脊端都予以强调，加上适当的雕饰。檐口的瓦也得到装饰性的处理。宋代以后，又大量采用琉璃瓦，为屋顶加上颜色和光泽，成为中国建筑最突出的特征之一。（图 3-3）

图 3-3-1 北京故宫太和殿重檐庑殿顶

图 3-3-2 北京故宫保和殿重檐歇山顶

图 3-3-3　北京天坛祈年殿重檐攒尖顶

图 3-3-4　北京天坛皇穹宇单檐攒尖顶

图 3-3-5　山西大同善化寺三圣殿单檐庑殿顶

图 3-3-6　福建福州华林寺单檐歇山顶

图 3-3-7　广东从化广裕祠悬山顶

图 3-3-8　辽宁沈阳故宫崇政殿硬山顶

图 3-3-9 北京故宫中和殿四角攒尖顶

图 3-3-10 青海拉卜楞寺盝顶

图 3-3-11　北京颐和园苏州街卷棚顶

图 3-3-12　北京故宫角楼歇山式十字脊顶

图 3-3-13　湖南岳阳岳阳楼盔顶

六、色彩

从世界各民族的建筑看来，中国古代的匠师可能是最敢于使用颜色、最善于使用颜色的了。这一特征无疑是和以木材为主要构材的结构体系分不开的。桐油和漆很早就已被采用。战国墓葬中出土的漆器的高超技术艺术水平说明在那时候以前，油漆的使用已有了一定的传统。春秋时期已经有用丹红柱子的祖庙，梁架或者斗栱上已有彩画。历史文献和历代诗歌中描绘或者歌颂灿烂的建筑色彩的更是多不胜数。宋朝和清朝的"规范"里对于油饰、彩画的制度、等级、图案、做法都有所规定。中国古代的匠师早已明确了油漆的保护性能和装饰性的统一的可能性而予以充分发挥。

积累了千余年的经验，到了明朝以后，就已经大致总结成为下列原则：房屋的主体部分，亦即经常可以得到日照的部分，一般用"暖色"，尤其爱用朱红色，檐下阴影部分，则用蓝绿相配的"冷色"。这样就更强调了阳光的温暖和阴影的阴凉，形成悦目的对比。朱红色门窗部分和蓝绿色檐下部分往往还加上丝丝的金线和点点的金点，蓝绿之间也间以少数红点，使得彩画图案更加活泼，增强了装饰效果。一些重要的纪念性建筑，如宫殿、坛、庙等，上面再加上黄色、绿色或蓝色的光辉的琉璃瓦，下面再衬托上一层乃至三层的雪白的汉白玉台基和栏杆，尤其是在华北平原秋高气爽、万里无云的蔚蓝天空下，它们的色彩效果是无比动人的。（图3-4）

　　这样使用强烈对照的原色（primal colours）在很大程度也是自然环境

图 3-4　北京故宫太和殿一角上的斗栱

明清时期的斗栱作为受力构件的功能已大大退化，装饰作用大大增强。

所使然。在平坦广阔的华北黄土平原地区，冬季的自然景色是惨淡严酷的。在那样的自然环境中，这样的色彩就为建筑物带来活泼和生趣。可能由于同一原因，在南方地区，终年青绿，四季开花，建筑物的色彩就比较淡雅，没有必要和大自然争妍斗艳，多用白粉墙和深赭色木梁柱对比，尤其是在炎热的夏天，强烈颜色会使人烦躁，而淡雅的色调却可增加清凉感。

七、庭院式的组群

从古代文献、绘画一直到全国各地存在的实例看来，除了极贫苦的农民住宅外，中国每一所住宅、宫殿、衙署、庙宇……都是由若干座个体建筑和一些回廊、围墙之类环绕成一个个庭院而组成的。一个庭院不能满足需要时，可由多数庭院组成。一般地多将庭院前后连串起来，通过前院到达后院。这是封建社会"长幼有序，内外有别"的思想意识的产物。越是主要人物或者需要和外界隔绝的人物（如贵族家庭的青年妇女）就住在离外门越远的庭院里。这就形成一院又一院层层深入的空间组织。自古以来就有人讥讽"侯门深似海"，但也有宋朝女诗人李清照"庭院深深深几许？"这样意味深长的描绘。这种种对于庭院的概念正说明它是中国建筑中一个突出的特征。

这种庭院一般都是依据一根前后轴线组成的。比较重要的建筑都安置在轴线上，次要房屋在它的前面左右两侧对峙，形成一条次要的横轴线。它们之间再用回廊、围墙之类连接起来，形成正方形或长方形的院子。不同性质的建筑，庭院可作不同的用途。在住宅中，日暖风和的时候，它等于一个"户外起居室"。在手工业作坊里，它就是工作坊。在皇宫里，它是陈列仪仗队摆威风的场所。在寺庙里，如同欧洲教堂前的广场那样，它往往是小商贩摆摊的"市场"。庭院在中国人民生活中的作用是不容忽视的。

这样由庭院组成的组群，在艺术效果上和欧洲建筑有着一些根本的区别。一般地说，一座欧洲建筑，如同欧洲的画一样，是可以一览无遗的，而中国的任何一处建筑，都像一幅中国的手卷画。手卷画必须一段段地逐渐展开看过去，不可能同时全部看到。走进一所中国房屋，也只能从一个庭院走进另一个庭院，必须全部走完才能全部看完。北京的故宫就是这方面最卓越的范例。由天安门进去，每通过一道门，进入另一庭院；由庭院的这一头走到那一头，一院院，一步步景色都在幻变。凡是到过北京的人，没有不从中得到深切的感受的。（图 3-5）

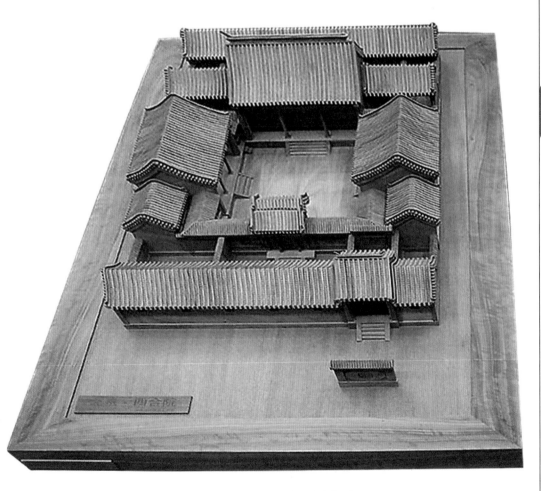

图 3-5　北京四合院模型

八、有规划的城市

从古以来，中国人就喜欢按规划修建城市。《诗经》里就有一段详细描写殷末周初时，周的一个部落怎样由山上迁移到山下平原，如何规划，如

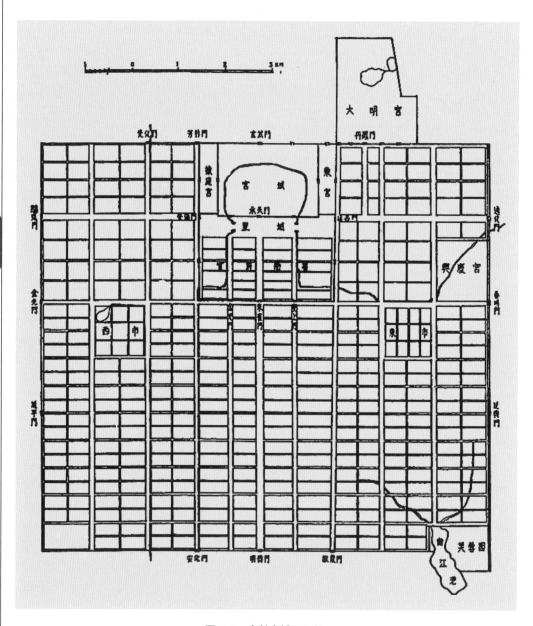

图 3-6　唐长安城平面图

何组织人力，如何建造，建造起来如何美丽的生动的诗章①。汉朝人编写的《周礼·考工记》里描写了一个王国首都的理想的规划。隋唐的长安、元的大都、明清的北京这样大的城市，以及历代无数的中小城市，大多数是按预拟的规划建造的。

从城市结构的基本原则说，每一所住宅或衙署、庙宇等等都是一个个用墙围起来的"小城"。在唐朝以及以前，若干所这样的住宅等等合成一个"坊"，又用墙围起来。"坊"内有十字街道，四面在墙上开门。一个"坊"也是一个中等大小的"城"。若干个"坊"合起来，用棋盘形的干道网隔开，然后用一道高厚的城墙围起来，就是"城市"。（图3-6）当然，在首都的规划中，最重要最大的"坊"就是皇宫。皇宫总是位于城的正中，以皇宫的轴线为城市的轴线，一切街道网和坊的布置都须从属于皇宫。北京就是以一条长达8公里的中轴线为依据而规划、建造的。

宋以后，坊一级的"小城"虽已废除，但是这一基本原则还是指导着所有城市的规划。

当然，在地形不许可的条件下，城市的规划就须更多地服从于自然条件。

九、山水画式的园林

虽然在房屋的周围种植一些树木花草、布置一片水面是人类共同的爱好，但是中国的园林却有它特殊的风格。总的说来，可以归纳为中国山水画式的园林。历代的诗人画家都以祖国的山水为题，尽情歌颂。宋朝以后，山水画就已成为主要题材。这些山水画之中，一般都把自然界的一些现象予以概括、强调，甚至夸大，将某些特征突出。中国的传统园林一般都是这种风格的"三度空间的山水画"。因此，中国的园林和大自然的实际有一定的距离，但又是"自然的"，而不像意大利花园那样强加剪裁使之"图案化"的。玲珑小巧的建筑物在中国园林中占有重要位置，巧妙地组织到山水之间。和一般建筑布局相反，园林中绝少采用轴线，而多自由随意地变。曲折深邃是中国人对园林的要求。这一点在长江下游地区的一些私家园林尤为突出。

园林艺术在中国建筑中占有重要位置。它的特征是应该予以特别指出的。

第4讲
建筑的艺术

　　一座建筑物是一个有体有形的庞大的东西，长期站立在城市或乡村的土地上。既然有体有形，就必然有一个美观的问题，对于接触到它的人，必然引起一种美感上的反应。坐在北京的公共汽车上，每当经过一些新建的建筑的时候，车厢里往往就可以听见一片评头品足的议论，有赞叹歌颂的声音，也有些批评惋惜的论调。这是十分自然的。因此，作为一个建筑设计人员，在考虑适用和工程结构的问题的同时，绝不能忽略了他所设计的建筑，在完成之后，要以什么样的面貌出现在城市的街道上。

　　建筑的艺术和其他的艺术既有相同之处，也有区别，现在先谈谈建筑的艺术和其他艺术相同之点。

　　首先，建筑的艺术，作为一种上层建筑，和其他的艺术一样，是经济基础的反映，是通过人的思想意识而表达出来的，并且是为它的经济基础服务的。不同民族的生活习惯和文化传统又赋予建筑以民族性。它是社会生活的反映，它的形象往往会引起人们情感上的反应。

　　从艺术的手法技巧上看，建筑也和其他艺术有很多相同之点。它们都可以通过它的立体和平面的构图，运用线、面和体，各部分的比例、平衡、对称、对比、韵律、节奏、色彩、表质等等而取得它的艺术效果。这些都是建筑和其他艺术相同的地方。

但是，建筑又不同于其他艺术。其他的艺术完全是艺术家思想意识的表现，而建筑的艺术却必须从属于适用经济方面的要求，要受到建筑材料和结构的制约。一张画，一座雕像，一出戏，一部电影，都是可以任人选择的。可以把一张画挂起来，也可以收起来。一部电影可以放映，也可以不放映。一般地它们的体积都不大，它们的影响面是可以由人们控制的。但是，一座建筑物一旦建造起来，它就要几十年几百年地站立在那里。它的体积非常庞大，不由分说地就形成了当地居民生活环境的一部分，强迫人去使用它，去看它；好看也得看，不好看也得看。在这点上，建筑是和其他艺术极不相同的。

绘画、雕塑、戏剧、舞蹈等艺术都是现实生活或自然现象的反映或再现。建筑虽然也反映生活，却不能再现生活。绘画、雕塑、戏剧、舞蹈能够表达它赞成什么，反对什么，建筑就很难做到这一点。建筑虽然也引起人们的感情反应，但它只能表达一定的气氛，或是庄严雄伟，或是明朗轻快，或是神秘恐怖，等等。这也是建筑和其他艺术不同之点。

为了便于广大读者了解我们的问题，我在这里简略地介绍一下在考虑建筑的艺术问题时，在技巧上我们考虑哪些方面。

一、轮廓

首先我们从一座建筑物作为一个有三度空间的体量上去考虑，从它所形成的总体轮廓去考虑。例如：天安门，看它的下面的大台座和上面双重房檐的门楼所构成的总体轮廓，看它的大小、高低、长宽等等的相互关系和比例是否恰当。在这一点上，好比看一个人，只要先从远处一望，看她头的大小，肩膀宽窄，胸腰粗细，四肢的长短，站立的姿势，就可以大致做出结论她是不是一个美人了。建筑物的美丑问题，也有类似之处。

二、比例

其次就要看一座建筑物的各个部分和各个构件的本身和相互之间的比例关系。例如门窗和墙面的比例，门窗和柱子的比例，柱子和墙面的比例，门和窗的比例，门和门，窗和窗的比例，这一切的左右关系之间的比例，上下层关系之间的比例，等等；此外，又有每一个构件本身的比例，例如门的宽和高的比例，窗的宽和高的比例，柱子的柱径和柱高的比例，檐子的深度和厚度的比例，等等；总而言之，抽象地说，就是一座建筑物在三度空间和两度空间的各个部分之间的，虚与实的比例关系，凹与凸的比例关系，长宽高的比例关系的问题。而这种比例关系是决定一座建筑物好看不好看的最主要的因素。

三、尺度

在建筑的艺术问题之中，还有一个和比例很相近，但又不仅仅是上面所谈到的比例的问题。我们叫它做建筑物的尺度。比例是建筑物的整体或者各部分、各构件的本身或者它们相互之间的长宽高的比例关系或相对的比例关系；而所谓尺度则是一些主要由于适用的功能，特别是由于人的身体的大小所决定的绝对尺寸和其他各种比例之间的相互关系问题。有时候我们听见人说，某一个建筑真奇怪，实际上那样高大，但远看过去却不显得怎么大，要一直走到跟前抬头一望，才看到它有多么高大。这是什么道理呢？这就是因为尺度的问题没有处理好。

一座大建筑并不是一座小建筑的简单的按比例放大。其中有许多东西是不能放大的，有些虽然可以稍微放大一些，但不能简单地按比例放大。例如有一间房间，高3米，它的门高2.1米，宽0.9米；门上的锁把子离地板高1米；门外有几步台阶，每步高0.15米，宽0.3米；房间的窗台离地

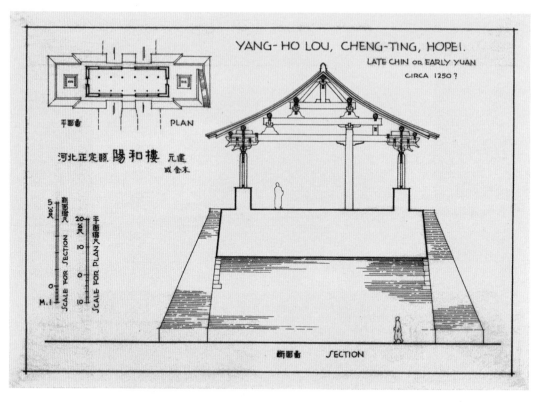

图 4-1　河北正定阳和楼平剖面图中人与建筑物之间的尺度关系

板高 0.9 米；但是当我们盖一间高 6 米的房间的时候，我们却不能简单地把门的高宽，门锁和窗台的高度，台阶每步的高宽按比例加一倍。在这里，门的高宽是可以略略放大一点的，但放大也必须合乎人的尺度，例如说，可以放到高 2.5 米，宽 1.1 米左右，但是窗台、门把子的高度及台阶每步的高宽却是绝对的，不可改变的。由于建筑物上这些相对比例和绝对尺寸之间的相互关系，就产生了尺度的问题，处理得不好，就会使得建筑物的实际大小和视觉上给人的大小的印象不相称。这是建筑设计中的艺术处理手法上一个比较不容易掌握的问题。从一座建筑的整体到它的各个局部细节，乃至于一个广场，一条街道，一个建筑群，都有这尺度问题。美术家画人也有与此类似的问题。画一个大人并不是把一个小孩按比例放大；按比例放大，无论放多大，看过去还是一个小孩子。在这一点上，画家的问题比较简单，因为人的发育成长有它的自然的、必然的规律。但在建筑设计中，一切都是由设计人创造出来的，每一座不同的建筑在尺度问题上都需要给予不同的考虑。要做到无论多大多小的建筑，看过去都和它的实际大小恰如其分地相称，可是一件不太简单的事。（图 4-1）

四、均衡

在建筑设计的艺术处理上还有均衡、对称的问题。如同其他艺术一样，建筑物的各部分必须在构图上取得一种均衡、安定感。取得这种均衡的最简单的方法就是用对称的方法，在一根中轴线的左右完全对称（图 4-2）。这样的例子最多，随处可以看到。但取得构图上的均衡不一定要用左右完

图 4-2　对称的北京故宫太和门

全对称的方法。有时可以用一边高起，一边平铺的方法；有时可以一边用一个大的体积和一边用几个小的体积的方法或者其他方法取得均衡。这种形式的多样性是由于地形条件的限制，或者由于功能上的特殊要求而产生的。但也有由于建筑师的喜爱而做出来的。山区的许多建筑都采取不对称的形式，就是由于地形的限制。有些工业建筑由于工艺过程的需要，在某一部位上会突出一些特别高的部分，高低不齐，有时也取得很好的艺术效果。

五、节奏

节奏和韵律是构成一座建筑物的艺术形象的重要因素；前面所谈到的比例，有许多就是节奏或者韵律的比例。这种节奏和韵律也是随时随地可以看见的。例如从天安门经过端门到午门，天安门是重点的一节或者一个拍子，然后左右两边的千步廊，各用一排等距离的柱子，有节奏地排列下去。但是每九间或十一间，节奏就要断一下，加一道墙，屋顶的脊也跟着断一下。经过这样几段之后，就出现了东西对峙的太庙门（今北京市劳动人民文化宫）和社稷门（今北京中山公园），好像引进了一个新的主题。这样有节奏有韵律地一直达到端门，然后又重复一遍达到午门。

事实上，差不多所有的建筑物，无论在水平方向上或者垂直方向上，都有它的节奏和韵律。我们若是把它分析分析，就可以看到建筑的节奏、韵律有时候和音乐很相像。例如有一座建筑，由左到右或者由右到左，是一柱，一窗；一柱，一窗地排列过去，就像"柱，窗；柱，窗；柱，窗；柱，窗……"的2/4拍子，若是一柱二窗的排列法，就有点像"柱，窗，窗；柱，窗，窗……"的圆舞曲。若是一柱三窗地排列，就是"柱，窗，窗，窗；柱，窗，窗，窗……"的4/4拍子了。

在垂直方向上，也同样有节奏、韵律；北京广安门外的天宁寺塔（图4-3）就是一个有趣的例子。由下看上去，最下面是一个扁平的不显著的月

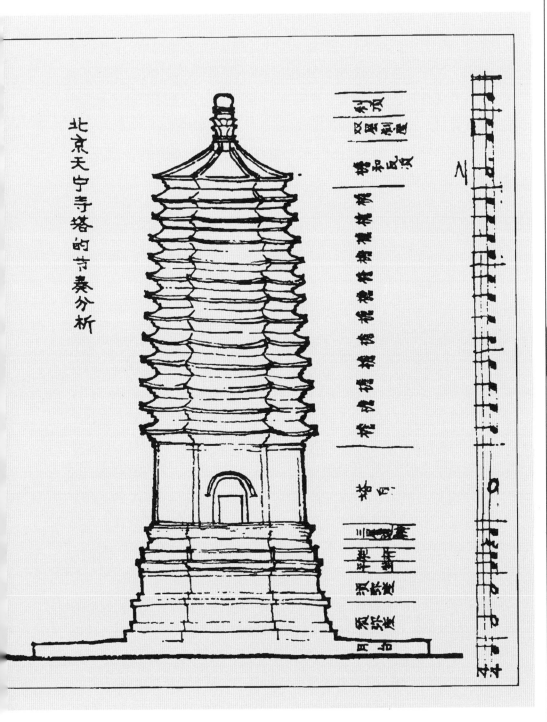

图 4-3　北京天宁寺塔的节奏分析，极富音乐韵律

台；上面是两层大致同样高的重叠的须弥座；再上去是一周小挑台，专门名词叫平座；平座上面是一圈栏杆，栏杆上是一个三层莲瓣座，再上去是塔的本身，高度和两层须弥座大致相等；再上去是十三层檐子；最上是攒尖瓦顶，顶尖就是塔尖的宝珠。按照这个层次和它们高低不同的比例，我们大致（只是大致）可以看到（而不是听到）这样一段节奏。

我在这里并没有牵强附会。同志们要是不信，请到广安门外去看看，从这张图也可以看出来。

六、质感

在建筑的艺术效果上另一个起作用的因素是质感，那就是材料表面的质地的感觉。这可以和人的皮肤相比，看看她的皮肤是粗糙或是细腻，是光滑还是皱纹很多；也像衣料，看它是毛料，布料或者是绸缎，是粗是细，等等。

建筑表面材料的质感，主要是由两方面来掌握的，一方面是材料的本身，一方面是材料表面的加工处理。建筑师可以运用不同的材料，或者是几种不同材料的相互配合而取得各种艺术效果；也可以只用一种材料，但在表面处理上运用不同的手法而取得不同的艺术效果。例如北京的故宫太和殿，就是用汉白玉台基和栏杆，下半青砖上半抹灰的砖墙，木材的柱梁斗栱和琉璃瓦等不同的材料配合而成的（当然这里面还有色彩的问题，下面再谈）。欧洲的建筑大多用石料，打得粗糙就显得雄壮有力，打磨得光滑就显得斯文一些。同样的花岗石，从极粗糙的表面到打磨得像镜子一样的光亮，不同程度的打磨可以取得十几、二十种不同的效果。用方整石块砌的墙和乱石砌的"虎皮墙"，效果也极不相同。至于木料，不同的木料，特别是由于木纹的不同，都有不同的艺术效果。用斧子砍的，用锯子锯的，用刨子刨的，以及用砂纸打光的木材，都各有不同的效果。抹灰墙也有抹光的，有拉毛的；拉毛的方法又有几十种。油漆表面也有光滑的或者皱纹的处理。这一切都影响到建筑的表面的质感。建筑师在这上面是大有文章可做的。

七、色彩

关系到建筑的艺术效果的另一个因素就是色彩。在色彩的运用上，我们可以利用一些材料的本色。例如不同颜色的石料，青砖或者红砖，不同颜色的木材，等等。但我们更可以采用各种颜料，例如用各种颜色的油漆，各种颜色的琉璃，各种颜色的抹灰和粉刷，乃至不同颜色的塑料，等等。

在色彩的运用上，从古以来，中国的匠师是最大胆和最富有创造性的。咱们就看看北京的故宫、天坛等建筑吧。白色的台基，大红色的柱子、门窗、墙壁；檐下青绿点金的彩画；金黄的或是翠绿的或是宝蓝的琉璃瓦顶，特别是在秋高气爽、万里无云、阳光灿烂的北京的秋天，配上蔚蓝色的天空做背景。那是每一个初到北京来的人永远不会忘记的印象。这对于我们中国人都是很熟悉的，没有必要在这里多说了。

八、装饰

关于建筑物的艺术处理上我要谈的最后一点就是装饰雕刻的问题。总的说来，它是比较次要的，就像衣服上的绲边或者是绣点花边，或者是胸前的一个别针，头发上的一个卡子或蝴蝶结一样。这一切，对于一个人的打扮，虽然也能起到一定的效果，但毕竟不是主要的。对于建筑也是如此，只要总的轮廓、比例、尺度、均衡、节奏、韵律、质感、色彩等等问题处理得恰当，建筑的艺术效果就大致已经决定了。假使我们能使建筑像唐朝的虢国夫人那样，能够"淡扫蛾眉朝至尊"，那就最好。但这不等于说建筑就根本不应该有任何装饰。必要的时候，恰当地加一点装饰，是可以取得很好的艺术效果的。

装饰要用得恰当，还是应该从建筑物的功能和结构两方面去考虑。再拿衣服来做比喻。衣服上的服饰也应从功能和结构上考虑，不同之点在于衣服还要考虑到人的身体的结构。例如领口、袖口，旗袍的下摆、叉子、大襟都是结构的重要部分，有必要时可以绣些花边；腰是人身结构的"上下分界线"，用一条腰带来强调这条分界线也是恰当的。又如口袋有它的特殊功能，因此把整个口袋或口袋的口子用一点装饰来突出一下也是恰当的。建筑的装饰，也应该抓住功能上和结构上的关键来略加装饰。例如，大门口是功能上的一个重要部分，就可以用一些装饰来强调一下。结构上的柱头、柱脚、门窗的框子，梁和柱的交接点，或是建筑物两部分的交接线或分界线，都是结构上的"骨节眼"，也可以用些装饰强调一下。在这一点上，中国的古代建筑是最善于对结构部分予以灵巧的艺术处理的。我们看到的许多装饰，如挑尖梁头，各种的云头或荷叶形的装饰，绝大多数就是在结构构件上的一点艺术加工。结构和装饰的统一是中国建筑的一个优良传统。屋顶上的脊和鸱吻、兽头、仙人、走兽等等装饰，它们的位置、轻重、大小，也是和屋顶内部的结构完全一致的（图4-4）。

由于装饰雕刻本身往往也就是自成一局的艺术创作，所以上面所谈的比例、尺度、质感、对称、均衡、韵律、节奏、色彩等等方面，也是同样应该考虑的。

当然，运用装饰雕刻，还要按建筑物的性质而定。政治性强，艺术要求高的，可以适当地用一些。工厂车间就根本用不着。一个总的原则就是不可滥用。滥用装饰雕刻，就必然欲益反损，弄巧成拙，得到相反的效果。

有必要重复一遍：建筑的艺术和其他艺术有所不同，它是不能脱离适用、工程结构和经济的问题而独立存在的。它虽然对于城市的面貌起着极大的作用，但是它的艺术是从属于适用、工程结构和经济的考虑的，是派生的。

此外，由于每一座个别的建筑都是构成一个城市的一个"细胞"，它

图 4-4 北京故宫太和殿屋脊上的瑞兽

从右到左，按顺序分别是骑凤仙人、龙、凤、狮子、天马、海马、狻猊（suān ní）、狎（xiá）鱼、獬豸（xiè zhì）、斗牛、行什。

本身也不是单独存在的。它必然有它的左邻右舍，还有它的自然环境或者园林绿化。因此，个别建筑的艺术问题也是不能脱离了它的环境而孤立起来单独考虑的。有些同志指出：北京的民族文化宫和它的左邻右舍水产部大楼和民族饭店的相互关系处理得不大好。这正是指出了我们工作中在这方面的缺点。

总而言之，建筑的创作必须从国民经济、城市规划、适用、经济、材料、结构、美观等方面全面地综合地考虑。而它的艺术方面必须在前面这些前提下，再从轮廓、比例、尺度、质感、节奏、韵律、色彩、装饰等等方面去综合考虑，在各方面受到严格的制约，是一种非常复杂的、高度综合性的艺术创作。

附

林徽因讲中国建筑彩画图案

在高大的建筑物上施以鲜明的色彩，取得豪华富丽的效果，是中国古代建筑的重要特征之一，也是建筑艺术加工方面特别卓越的成就之一。彩画图案在开始时是比较单纯的。最初是为了实用，为了适应木结构上防腐防蠹的实际需要，普遍地用矿物原料的丹或朱，以及黑漆、桐油等涂料敷饰在木结构上；后来逐渐和美术上的要求统一起来，变得复杂丰富，成为中国建筑装饰艺术中特有的一种方法。例如在建筑物外部涂饰了丹、朱、赭、黑等色的楹柱的上部，横的结构如阑额枋檁上，以及斗栱椽头等主要位置在瓦檐下的部分，画上彩色的装饰图案，巧妙地使建筑物增加了色彩丰富的感觉，和黄、丹或白垩刷粉的墙面，白色的石基、台阶以及栏楯等物起着互相衬托的作用；又如彩画多以靛青翠绿的图案为主，用贴金的线纹，彩色互间的花朵点缀其间，使建筑物受光面最大的豪华的丹朱或严肃的深赭等，得到掩映在不直接受光的檐下的青、绿、金的调节和装饰；再如在大建筑物的整体以内和它的附属建筑物之间，也利用色彩构成红绿相间或是金朱交错的效果（如朱栏碧柱、碧瓦丹楹或朱门金钉之类），使整个建筑组群看起来辉煌闪烁，借此形成更优美的风格，唤起活泼明朗的韵律感。特别是这种多色的建筑体形和优美的自然景物相结合的时候，就更加显示了建筑物美丽如画的优点，而这种优点，是和彩画装饰的作用分不开的。

在中国体系的建筑艺术中，对于建筑物细致地使用多样彩色加工的装饰技术，主要有两种：一种是"琉璃瓦作"发明之后，应用各种琉璃构件和花饰的形制；另一种就是有更悠久历史的彩画制度。

中国建筑上应用彩画开始于什么年代呢？

在木结构外部刷上丹红的颜色，早在春秋时代就开始了；鲁庄公"丹桓宫之楹，而刻其桷"，是见于古书上关于鲁国的记载的。还有臧文仲"山节藻棁"之说，素来解释为讲究华美建筑在房屋构件上加上装饰彩画的意思。从楚墓出土文物上的精致纹饰看来，春秋时代建筑木构上已经有一些装饰图案，这是很可能的。至于秦汉在建筑内外都应用华丽的装饰点缀，在文献中就有很多的记述了。《西京杂记》中提到"华榱璧珰"之类，还说："椽榱皆绘龙蛇萦绕其间"和"柱壁皆画云气花虺，山灵鬼怪"。从汉墓汉砖上所见到的一些纹饰来推测，上述的龙纹和云纹都是可以得到证实的。此外记载上所提到的另一个方面应该特别注意的，就是绫锦织纹图案应用到建筑装饰上的历史。例如秦始皇咸阳宫"木衣绨绣，土被朱紫"之说，又如汉代宫殿中有"以椒涂壁，被以文绣"的例子。《汉书·贾谊传》里又说："美者黼绣是古天子之服，今富人大贾嘉会召客者以被墙。"在柱上壁上悬挂丝织品和在墙壁梁柱上涂饰彩色图画，以满足建筑内部华美的要求，本来是很自然的。这两种方法在发展中合而为一时，彩画自然就会采用绞锦的花纹，作为图案的一部分。在汉砖上、敦煌石窟中唐代边饰上和宋《营造法式》中，菱形锦纹图案都极常见，到了明清的梁枋彩画上，绫锦织纹更成为极重要的题材了。

南北朝佛教流行中国之时，各处开凿石窟寺，普遍受到西域佛教艺术的影响，当时的艺人匠师，不但大量地吸收外来艺术为宗教内容服务，同时还大胆地将中国原有艺术和外来的艺术相融合，加以应用。在雕刻绘塑的纹饰方面，这时产生了许多新的图案，如卷草花纹、莲瓣、宝珠和曲水万字等，就都是其中最重要的。

综合秦、汉、南北朝、隋、唐的传统，直到后代，在彩画制度方面，云气、龙凤、绫锦织纹、卷草花卉和万字、宝珠等，就始终都是"彩画作"中最主要和最典型的图案。至于设色方法，南北朝以后也结合了外来艺术的优点。《建康实录》中曾说，南朝梁时一乘寺的门上有据说是名画家张僧繇手笔的"凹凸花"，并说："其花乃天竺遗法，朱及青绿所成，远望眼晕如凹凸，就视即平，世咸异之。"宋代所规定的彩画方法，每色分深浅，并且浅的一面加白粉，深的再压墨，所谓"退晕"的处理，可能就是这种画法的发展。

我们今天所能见到的实物，最早的有乐浪郡墓中彩饰；其次就是甘肃敦煌莫高窟和甘肃天水麦积山石窟中北魏、隋、唐的洞顶、洞壁上的花纹边饰；再次就是四川成都两座五代陵墓中的建筑彩画。现存完整的建筑正面全部和内部梁枋的彩画实例，有敦煌莫高窟宋太平兴国五年（980年）的窟廊。辽、金、元的彩画见于辽宁义县奉国寺、山西应县佛宫寺木塔、河北安平圣姑庙等处。

宋代《营造法式》中所总结的彩画方法，主要有六种：一、五彩遍装；二、碾玉装；三、青绿叠晕棱间装；四、解绿装；五、丹粉刷饰；六、杂间装。工作过程又分为四个程序：一、衬地；二、衬色；三、细色；四、贴金。此外还有"叠晕"和"剔填"的着色方法。应用于彩画中的纹饰有"华纹""琐纹""云纹""飞仙""飞禽"及"走兽"等几种。"华纹"又分为"九品"，包括"卷草"花纹在内，"琐纹"即"锦纹"，分有六品。

明代的彩画实物，有北京东城智化寺如来殿的彩画，据建筑家过去的调查报告，说是："彩画之底甚薄，各材刨削平整，故无披麻捉灰的必要，梁枋以青绿为地，颇雅素，青色之次为绿色，两色反复间杂，一如宋、清常则；其间点缀朱金，鲜艳醒目，集中在一二处，占面积极小，不以金色作机械普遍之描画，且无一处利用白色为界线，乃其优美之主因。"调查中又谈到智化寺梁枋彩画的特点，如枋心长为梁枋全长的四分之一，而不是清代的三分之一；旋花作狭长形而非整圆，虽然也是用一整二破的格式。又说枋心的两端尖头不用直线，"尚存古代萍藻波纹之习"。

明代彩画，其他如北京安定门内文丞相祠檐枋，故宫迎瑞门及永康左门琉璃门上的额枋等，过去都曾经有专家测绘过。虽然这些彩画构图规律和智化寺同属一类，但各梁上旋花本身和花心、花瓣的处理，都不相同，且旋花大小和线纹布局的疏密，每处也各不相同。花纹区划有细而紧的和叶瓣大而爽朗的两种，产生极不同的效果。全部构图创造性很强，极尽自由变化之能事。

　　清代的彩画，继承了过去的传统，在取材上和制作方法上有了新的变化，使传统的建筑彩画得到一定的提高和发展。从北京各处宫殿、庙宇、庭园遗留下来制作严谨的许多材料来看，它的特点是复杂绚烂，金碧辉煌，形成一种炫目的光彩，使建筑装饰艺术达到一个新的高峰。某些主要类型的彩画，如"和玺彩画"和"旋子彩画"等，都是规格化的彩画装饰构图，这样，在装饰任何梁枋时就便于保持一定的技术水平，也便于施工；并使徒工易于掌握技术。但是，由于这种规格化十分严格地制定了构图上的分划和组合，便不免限制了彩画艺人的创造能力。虽然细节花纹可以做若干变化，但这种过分标准化的构图规定是有它的缺点的。在研究清式的建筑彩画方面，对于"和玺彩画""旋子彩画"以及庭园建筑上的"苏式彩画"，过去已经做了不少努力，进行过整理和研究，本书的材料，便是继续这种研究工作所做的较为系统的整理。但是，应该提出的是：清代的彩画图案是建筑装饰中很丰富的一项遗产，并不限于上面三类彩画的规制。现存清初实物中，还有不少材料有待于今后进一步的发掘和整理，特别是北京故宫保和殿的大梁，乾隆花园佛日楼的外檐，午门楼上的梁架等清代早期的彩画，都不属于上述的三大类，更值得注意。因此，这种整理工作仅是一个开始，一方面，为今后的整理工作提供了材料；另一方面，许多工作还等待继续进行。

第 5 讲
中国建筑师

中国的建筑从古以来，都是许多劳动者，为解决生活中一项主要的需要，在不自觉中的集体创作。许多不知名的匠师们，累积世世代代的传统经验，在各个时代中不断地努力，形成了中国的建筑艺术。他们的名字，除了少数因服务于统治阶级而得留名于史籍者外，还有许多因杰出的技术，为一般人民所尊敬，或为文学家所记述，或在建筑物旁边碑石上留下名字。

人民传颂的建筑师，第一名我们应该提出鲁班。

图 5-1　山东潍坊的鲁班像

他是公元前七世纪或公元前六世纪的人物，能建筑房屋、桥梁、车舆以及日用的器皿，他是"巧匠"（有创造性发明的工人）的典型，两千多年来，他被供奉为木匠之神。（图 5-1）

隋朝（581—618 年）的一位天才匠师李春（图 5-2），在河北省赵县城外建造了一座大石桥（图 5-3），是世界最古的空撞券桥，到今天还存在着。这桥的科学的做法，在工程上伟大的成功，说明了在那时候，中国的工程

图 5-2　河北赵县赵州桥公园李春塑像

图 5-3　李春设计的河北赵县赵州桥

师已积累了极丰富的经验，再加上他个人智慧的发明，使他的名字受到地方人民的尊敬，很清楚地镌刻在石碑上。

十世纪末叶的著名匠师喻皓，最长于建造木塔及多层楼房。他设计河南省开封的开宝寺塔（图5-4），先做模型，然后施工。他预计塔身在一百年向西北倾侧，以抵抗当地的主要风向，他预计塔身在一百年内可以被风吹正，并预计塔可存在七百年。可惜这塔因开封的若干次水灾，宋代的建

图 5-4　喻皓设计的河南
　　　　开封开宝寺塔，
　　　　即河南开封祐国
　　　　寺铁色琉璃塔

设现在已全部不存，残余遗迹也极少，这塔也不存痕迹了。此外喻皓曾将木材建造技术著成《木经》一书，后来宋代的《营造法式》就是依据此书写成的。

著名画家而兼能建筑设计的，唐朝有阎立德，他为唐太宗计划骊山温泉宫（图5-5）。宋朝还有郭忠恕为宋太宗建宫中的大图书馆——所谓崇文院、三馆、秘阁。

此外史书中所记录的"建筑师"差不多全是为帝王服务、监修工程而著名的。这类留名史籍的人之中，有很多只是在工程上负行政监督的官吏，不一定会专门的建筑技术的，我们在此只提出几个以建筑技术出名的人。

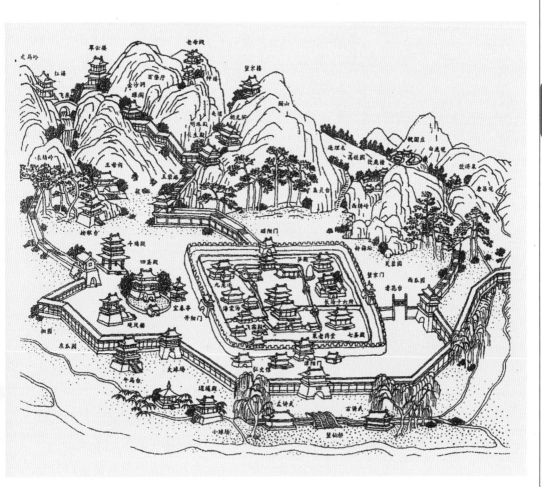

图 5-5　阎立德为唐太宗计划的骊山温泉宫图

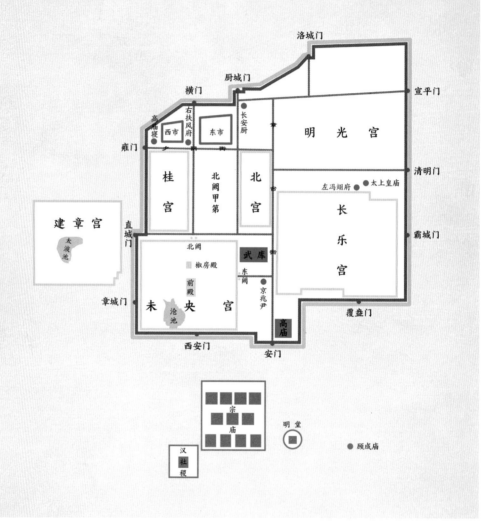

图 5-6　汉长安城图

　　我们首先提出的是公元前三世纪初年为汉高祖营建长安城和未央宫的杨城延，他出身是高祖军队中一名平常的"军匠"，后来做了高祖的将作少府（"将作少府"就是皇帝的总建筑师）。他的天才为初次真正统一的中国建造了一个有计划的全国性首都（图5-6），并为皇帝建造了多座皇宫，为政府机关建造了衙署。

其次要提的是为隋文帝（六世纪末年）计划首都的刘龙和宇文恺（图5-7）。这时汉代的长安已经毁灭，他们在汉长安附近另外为隋朝计划一个新首都（图5-8）。

在这个中国历史最大的都城里，它们首次实行了分区计划，皇宫、衙署、住宅、

图5-7　宇文恺浮雕

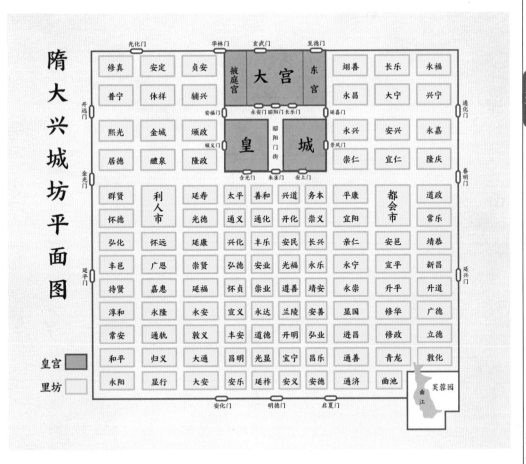

图5-8　刘龙和宇文恺规划的隋大兴城坊平面图

首次实行了分区计划，面积比现在的北京城还大，之后的唐朝继承了这城作为首都。

商业都有不同的区域。这个城的面积约七十平方公里，比现在的北京城还大。灿烂的唐朝，就继承了这城作为首都。

中国建筑历史中留下专门技术著作的建筑师是十一世纪间的李诫（图5-9）。他是皇帝艺术家宋徽宗的建筑师。除去建造了许多宫殿、寺庙、衙署之外，他在1100年刊行了《营造法式》一书（图5-10），是中国现存最古最重要的建筑技术专书。南宋时监修行宫的

图5-9　李诫像

图5-10　梁启超寄给梁思成、林徽因的北宋《营造法式》（陶本）

图 5-11　宁夏回族自治区吴忠市黄河公园也黑迭儿像

王焕将此书传至南方。

　　十三世纪中叶蒙古征服者入中国以后，忽必烈定都北京，任命阿拉伯人也黑迭儿（图 5-11）计划北京城，并监造宫殿。马可·波罗所看见的大都就是也黑迭儿的创作。他虽是阿拉伯人，但在部署的制度和建筑结构的方法上都与当时的中国官吏合作，仍然是遵照中国古代传统做的。

　　在十五世纪的前半期中，明朝皇帝重建了元代的北京城，主要的建筑师是阮安。（图 5-12）北京的城池，九个城门，皇帝居住的两宫，朝会办公的三殿，五个王府，六个部，都是他负责建造的。除建筑外，他还是著名的水利工程师。

　　在清朝（1644—1912 年）二百六十余年间，北京皇室的建筑师成了世袭的职位。在十七世纪末，一个南方匠人雷发达（图 5-13）应募来北京

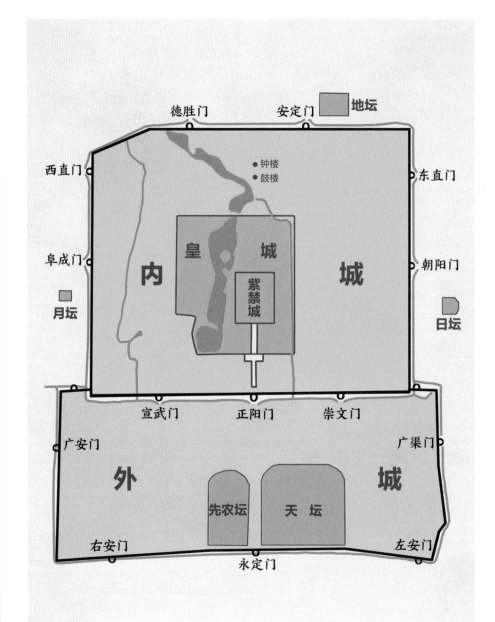

图 5-12　明清北京城平面图

图 5-13　清朝主要皇室建筑设
　　　　计者雷氏家族开创者
　　　　雷发达

参加营建宫殿的工作，因为技术高超，很快就被提升担任设计工作。从他起一共七代，直到清朝末年，主要的皇室建筑（图 5-14），如宫殿、皇陵、圆明园、颐和园等都是雷氏负责的。这个世袭的建筑师家族被称为"样式雷"。

　　二十世纪以来，欧洲建筑被帝国主义侵略者带入中国，所以出国留学的学生有一小部分学习欧洲系统的建筑师。他们用欧美的建筑方法，为半殖民地及封建势力的中国建筑了许多欧式房屋。

　　但到 1920 年前后，随着革命的潮流，开始有了民族意识的表现。其中最早的一个吕彦直，他是孙中山陵墓的设计者（图 5-15、图 5-16）。那个设

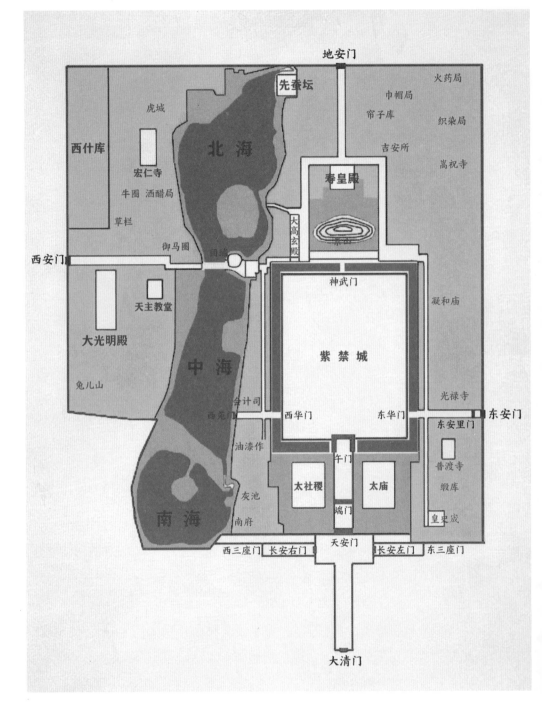

图 5-14　清北京皇城平面图

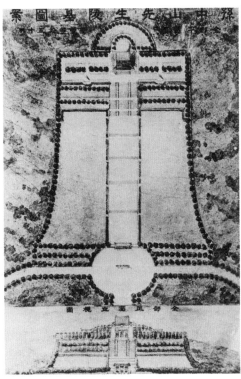

图 5-15　吕彦直先生像　　　　　图 5-16　吕彦直先生设计的中山陵方案图

计有许多缺点，无可否认是不成熟的，但它是由崇尚欧化的风气中回到民族形式的表现。吕彦直在未完成中山陵之前就死了。那时已有少数的大学成立了建筑系，以训练中国新建筑师为目的。建筑师们一方面努力于新民族形式之创造，一方面努力于中国古建筑之研究。

　　1929 年所成立的中国营造学社中的几位建筑师就是专门做实地调查测量工作，然后制图写报告。他们的目的在将他们的成绩供给建筑学系作教材，但尚未能发挥到最大的效果。中华人民共和国成立后，在毛泽东思想领导下，遵循共同纲领所指示的方向，正在开始的文化建设的高潮里，中华人民共和国建筑的创造已被认为是一种重要的工作。建筑师已在组织自己的中国建筑工程学会，研究他们应走的道路，准备在大规模建设时，为人民的新中国服务。

第 6 讲
中国建筑之两部"文法课本"

中国古籍中关于建筑学的术书有两部，只有两部。清代工部所颁布的建筑术书《清工部工程做法则例》①（图 6-2）和宋代遗留至今日一部《宋营造法式》②（图 6-1）。这两部书，要使普通人读得懂都是一件极难的事。当时编书者，并不是编教科书，"则例""法式"虽至为详尽，专门名词却无定义亦无解释。其中有极通常的名词，如"柱""梁""门""窗"之类；但也有不可思议的，如"铺作""卷杀""襻间""雀替""采步金"之类，在字典辞书中都无法查到的。且中国书素无标点，这种书中的语句有时也非常之特殊，读时很难知道在哪里断句。

幸而在抗战前，北平尚有曾在清宫营造过的老工匠，当时找他们解释，尚有这一条途径，不过这些老匠师们对于他们的技艺，一向采取秘传的态度，当中国营造学社成立之初，求他们传授时亦曾费许多周折。

以《清工部工程做法则例》为课本，以匠师们为老师，以北平清故宫

---

① 《清工部工程做法则例》，清雍正十二年（1734 年）颁行，本名《工程做法》。因以工部"则例"（行政法规）名义颁行，故初刊本封面题《工程做法则例》，书口仍印《工程做法》。——编者注。

② 《宋营造法式》，宋至民国各刊本均为《营造法式》。——编者注

为标本，清代建筑之营造方法及其则例的研究才开始有了把握。以实测的宋辽遗物与宋《营造法式》相比较，宋代之做法名称亦逐渐明了了。这两书简单的解释如下：

一、《清工部工程做法则例》是清代关于建筑技术方面的专书，全书共七十卷[①]，雍正十二年（1734 年）工部刊印。这书的最后二十四卷[②]注重在工料的估算。书的前二十七卷举二十七种不同大小殿堂廊屋的"大木作"（即房架）为例，将每一座建筑物的每一件木料尺寸大小列举；但每一件的名目定义功用、位置及斫割的方法等等，则很少提到。幸有老匠师们指着实物解释，否则全书将仍难于读通。"大木作"的则例是中国建筑结构方面的基本"文法"，也是这本书的主要部分；中国建筑上最特殊的"斗栱"结构法与柱径柱高等及曲线瓦坡之"举架"方法都在此说明。其余各卷是关于"小木作"（门窗装修之类）"石作""砖作""瓦作""彩画作"等等[③]。在种类之外中国式建筑物还有在大小上分成严格的"等级"问题，清代共分为十一等；柱径的尺寸由六寸可大至三十六寸。此书之长，在二十七种建筑物部分标定尺寸之准确，但这个也是它的短处，因其未曾将规定尺寸归纳成为原则，俾可不论为何等级之大小均可适应也。[④]

二、宋《营造法式》李诫著。李诫是宋徽宗时的将作少监；宋《营造法式》刊行于崇宁三年（1100 年）[⑤]，是北宋汴梁宫殿建筑的"法式"。研究宋《营造法式》比研究《清工部工程做法则例》曾经又多了一层困难：既无匠师传授，宋代遗物又少——即使有，刚刚开始研究的人也无从认识。

---

① 七十卷，应为七十四卷。——编者注

② 最后二十四卷，应为二十七卷。——编者注

③ "小木作"等等，所举各"作"均为宋《营造法式》名称，清《工程做法》为"装修木作""瓦作（大式、小式）""油作""画作"。——编者注

④ 我曾将《清工部工程做法则例》的原则编成教科书性质的《清式营造则例》一部，于民国二十一年（1932 年）由中国营造学社在北平出版。十余年来发现当时错误之处颇多，将来再版时，当予以改正。——梁思成原注

⑤ 《宋营造法式》刊行于崇宁三年（1100 年）笔误。应为成书于元符三年（1100 年），刊行于崇宁二年（1103 年）。——编者注

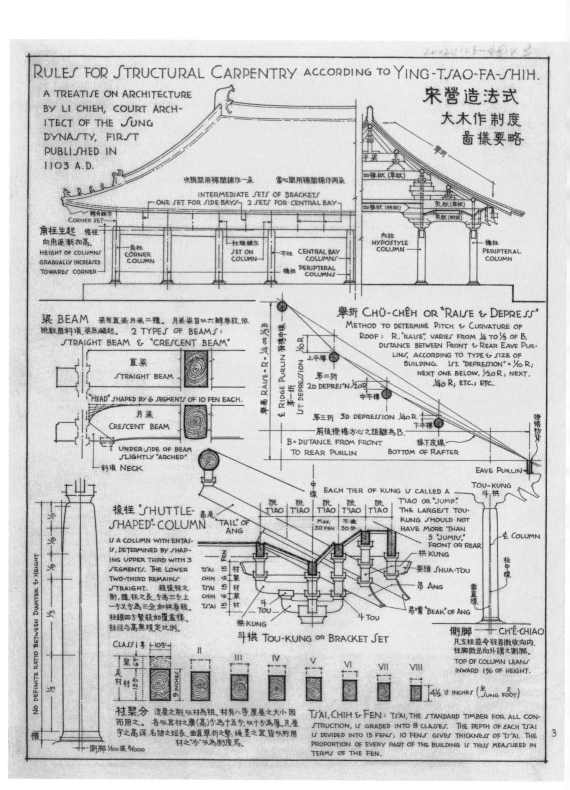

图 6-1　宋《营造法式》大木作制度图样要略

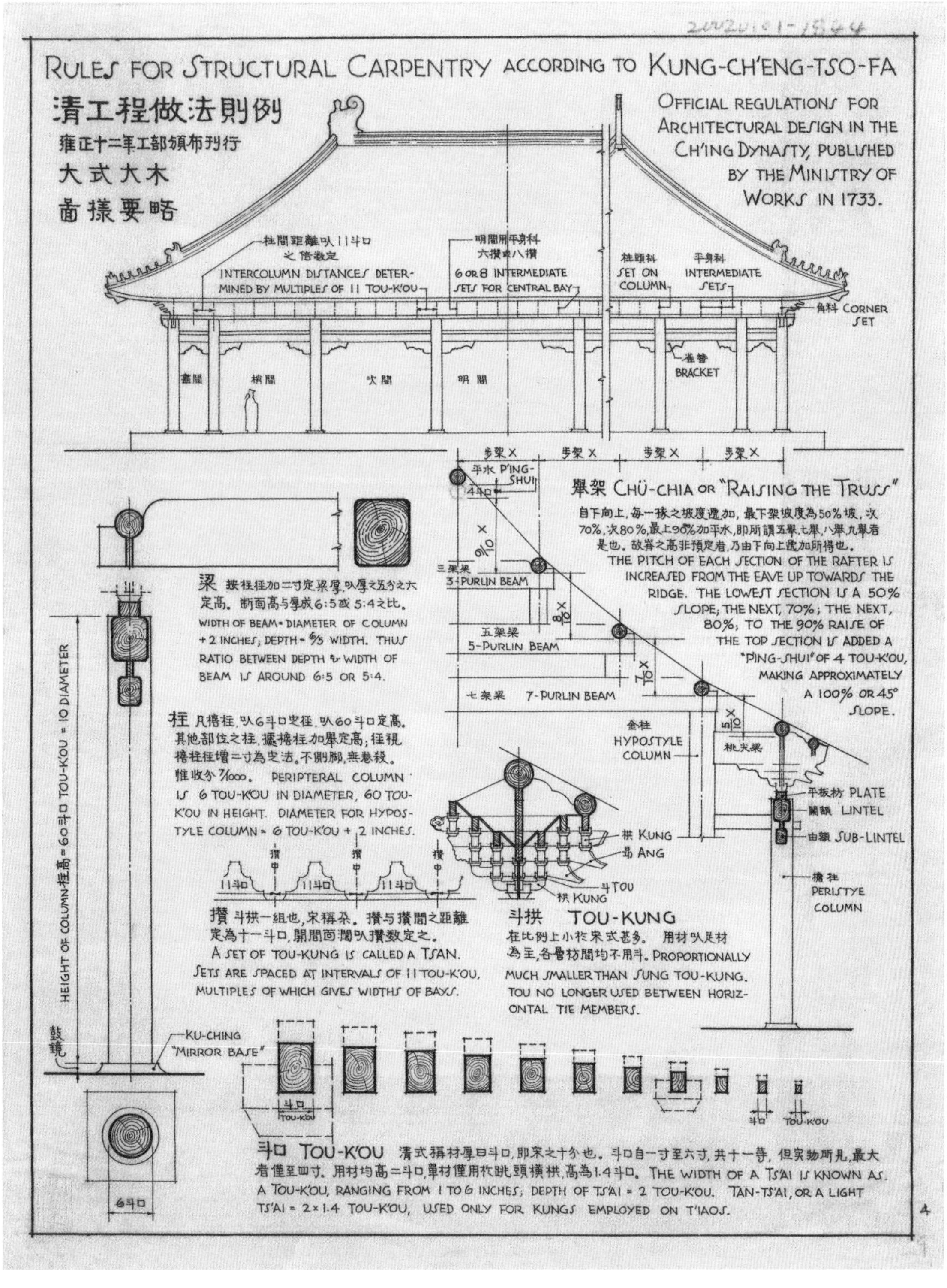

RULES FOR STRUCTURAL CARPENTRY ACCORDING TO KUNG-CH'ENG-TSO-FA

清工程做法则例

雍正十二年工部颁布刊行

大式大木

图样要略

OFFICIAL REGULATIONS FOR ARCHITECTURAL DESIGN IN THE CH'ING DYNASTY, PUBLISHED BY THE MINISTRY OF WORKS IN 1733.

柱间距离以11斗口之倍数定
INTERCOLUMN DISTANCES DETERMINED BY MULTIPLES OF 11 TOU-K'OU

明间用平身科六攒或八攒
6 OR 8 INTERMEDIATE SETS FOR CENTRAL BAY

柱头科 SET ON COLUMN
平身科 INTERMEDIATE SETS

角科 CORNER SET

雀替 BRACKET

梢间　尽间　次间　明间

梁 按柱径加二寸定梁厚，以厚之五分之六定高。断面高与宽成6:5或5:4之比。 WIDTH OF BEAM = DIAMETER OF COLUMN + 2 INCHES; DEPTH = 6/5 WIDTH. THUS RATIO BETWEEN DEPTH & WIDTH OF BEAM IS AROUND 6:5 OR 5:4.

柱 凡檐柱以6斗口定径，以60斗口定高。其他部位之柱，据檐柱加举定高，径视檐柱径增二寸为定法，不侧脚，无卷杀。惟收分1/1000。 PERIPTERAL COLUMN IS 6 TOU-K'OU IN DIAMETER, 60 TOU-K'OU IN HEIGHT. DIAMETER FOR HYPOSTYLE COLUMN = 6 TOU-K'OU + 2 INCHES.

HEIGHT OF COLUMN 柱高 = 60斗口 TOU-K'OU = 10 DIAMETER

步架X　步架X　步架X　步架X

平水 P'ING-SHUI 4斗口

举架 CHÜ-CHIA OR "RAISING THE TRUSS"
自下向上，每一棳之坡度递加，最下架坡度为50%坡，次70%，次80%，最上90%加平水，即所谓五举、七举、八举、九举者是也。故举架之高非预定者，乃由下向上递加所得也。 THE PITCH OF EACH SECTION OF THE RAFTER IS INCREASED FROM THE EAVE UP TOWARDS THE RIDGE. THE LOWEST SECTION IS A 50% SLOPE; THE NEXT, 70%; THE NEXT, 80%, TO THE 90% RAISE OF THE TOP SECTION IS ADDED A "P'ING-SHUI" OF 4 TOU-K'OU, MAKING APPROXIMATELY A 100% OR 45° SLOPE.

90%

三架梁 3-PURLIN BEAM
80%

五架梁 5-PURLIN BEAM
70%

七架梁 7-PURLIN BEAM
60%

金柱 HYPOSTYLE COLUMN

桃尖梁
50%

平板枋 PLATE
阑额 LINTEL
由额 SUB-LINTEL
檐柱 PERISTYE COLUMN

攒 斗拱一组也，宋称朵。攒与攒间之距离定为十一斗口，开间面阔以攒数定之。 A SET OF TOU-KUNG IS CALLED A TSAN. SETS ARE SPACED AT INTERVALS OF 11 TOU-K'OU, MULTIPLES OF WHICH GIVES WIDTHS OF BAYS.

拱 Kung
昂 Ang
斗 Tou
拱 Kung

斗拱 TOU-KUNG
在比例上小于宋式甚多。用材以足材为主，各鲁枋间均不用斗。 PROPORTIONALLY MUCH SMALLER THAN SUNG TOU-KUNG. TOU NO LONGER USED BETWEEN HORIZONTAL TIE MEMBERS.

攒中 11斗口　攒中 11斗口　攒中 11斗口　攒中

鼓镜
KU-CHING "MIRROR BASE"

6斗口

斗口 TOU-K'OU

斗口 TOU-K'OU 清式称材厚曰斗口，即宋之十分也。斗口自一寸至六寸，共十一等，但实物所见，最大者仅至四寸。用材均高=斗口。单材仅用枋头横拱，高为1.4斗口。 THE WIDTH OF A TS'AI IS KNOWN AS A TOU-K'OU, RANGING FROM 1 TO 6 INCHES; DEPTH OF TS'AI = 2 TOU-K'OU. TAN-TS'AI, OR A LIGHT TS'AI = 2 × 1.4 TOU-K'OU, USED ONLY FOR KUNGS EMPLOYED ON T'IAOS.

4

图 6-2　清工部《工程做法则例》大式大木图样要略

所以在学读宋《营造法式》之初，只能根据着对清式则例已有的了解逐渐注释宋书术语；将宋、清两书互相比较，以今证古，承古启今，后来再以旅行调查的工作，借若干有年代确凿的宋代建筑物，来与《宋营造法式》中所叙述者互相印证。换言之亦即以实物来解释宋《营造法式》，宋《营造法式》中许多无法解释的规定，常赖实物而得明了；同时宋、辽、金实物中有许多明、清所无的做法或部分，亦因宋《营造法式》而知其名称及做法。因而更可借以研究宋以前唐及五代的结构基础。

宋《营造法式》的体裁，较《清工部工程做法则例》为完善。后者以二十七种不同的建筑物为例，逐一分析，将每件的长短大小呆呆板板地记述。宋《营造法式》则一切都用原则和比例做成公式，对于每"名件"，虽未逐条定义，却将位置和斫割做法均详为解释。全书三十四卷，自测量方法及仪器说起，以至"壕寨"（地基及筑墙）"石作""大木作""小木作""瓦作""砖作""彩画作""功限"（估工）"料例"（算料）等等，一切用原则解释，且附以多数的详图。全书的组织比较近于"课本"的体裁。民国七年（1918 年），朱桂莘先生于江苏省立图书馆首先发现此书手抄本，由商务印书馆影印。民国十四年（1925 年），朱先生又校正重画石印，始引起学术界的注意。①

"斗栱"与"材""分"及"斗口"中国建筑是以木材为主要材料的构架法建筑。宋《营造法式》与《清工部工程做法则例》都以"大木作"（即房架之结构）为主要部分，盖国内各地的无数宫殿、庙宇、住宅莫不以木材为主。木构架法中之重要部分，所谓"斗栱"者是在两书中解释得最详尽的。它是了解中国建筑的钥匙。它在中国建筑上之重要有如欧洲、希腊、

---

① 民国十七年（1928 年），朱桂莘先生在北平创办中国营造学社。翌年我幸得加入工作，直至今日。营造学社同人历年又用《四库全书》文津、文溯、文渊阁各本《营造法式》及后来在故宫博物院图书馆发现之清初标本（标本，笔误，应为抄本。——编者注）相互校，又陆续发现了许多错误。现在我们正在作再一次的整理，校刊注释。图样一律改用现代画法，几何的投影法画出。希望不但可以减少前数版的错误，并且使此书成为一部易读的书，可以予建筑师们以设计参考上的便利。——梁思成原注

罗马建筑中的"五范"一样。斗栱到底是什么呢？

（一）"斗栱"是柱以上、檐以下，由许多横置及挑出的短木（栱）与斗形的块木（斗）相叠而成的。其功用在将上部屋架的重量，尤其是悬空伸出部分的荷载转移到下部立柱上。它们亦是横直构材间的"过渡"部分。

（二）不知自何时代始，这些短木（栱）的高度与厚度，在宋时已成了建筑物全部比例的度量。在《营造法式》中，名之曰"材"，其断面之高与宽作三与二之比。"凡构屋之制，皆以'材'为祖。'材'有八等（八等的大小）······各以其材之'广'分为十五'分'，以十'分'为其厚。"[①] 宋《营造法式》书中说："凡屋宇之高深，名物之长短，曲直举折之势[②]，规矩绳墨之宜，皆以所用材之'分'以为制度焉。"由此看来，斗栱中之所谓"材"者，实为度量建筑大小的"单位"。而所谓"分"者又为"材"的"广"内所分出之小单位。它们是整个"构屋之制"的出发点。

《清工部工程做法则例》中无"材""分"之名，以栱的"厚"称为"斗口"。这是因为栱与大斗相交之处，斗上则出凹形卯槽以承栱身，称为斗口，这斗口之宽度自然同栱的厚度是相等的。凡一座建筑物之比例，清代皆用"斗口"之倍数或分数为度量单位（例如清式柱径为六斗口，柱高为六十斗口之类）。这种以建筑物本身之某一部分为度量单位，与罗马建筑之各部比例皆以"柱径"为度量单位，在原则上是完全相同的。因此斗栱与"材"及"分"在中国建筑研究中实最重要者。

斗栱因有悠久历史，故形制并不固定而是逐渐改的。（图6-3）由《营造法式》与《清工部工程做法则例》两书中就可看出宋、清两代的斗栱大致虽仍系统相承，但在权衡比例上就有极大差别——在斗栱本身上，各部分各名件的比例有差别，例如栱之"高"（即法式所谓"广"），宋《营造法式》规定为十五分，而"材上加栔"（栔是两层栱间用斗垫托部分的高度，其高六分）的"足材"，则广二十一分；《清工部工程做法则例》则足材高

---

① 即三与二之比也。

② 即屋顶坡度做法。

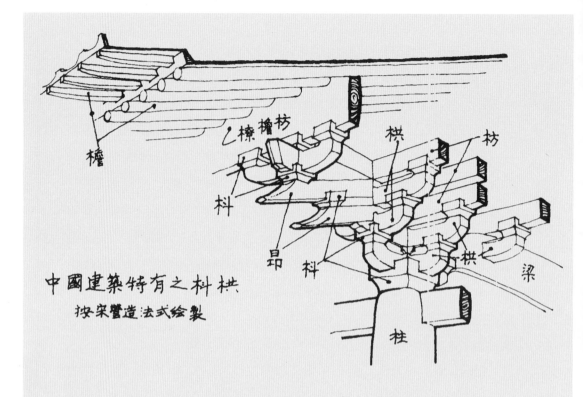

中國建築特有之枓栱

按宋營造法式繪製

檐 乙檁 檐枋 栱 枋 枓 昂 枓 栱 梁 柱

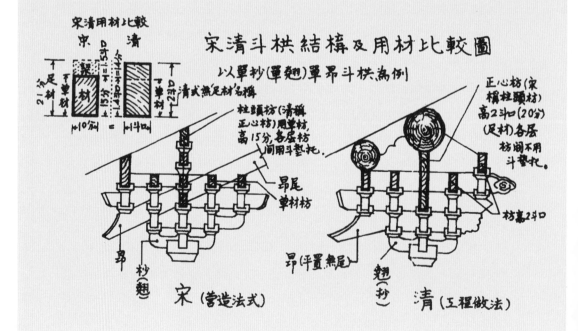

宋清用材比較

宋 清

宋清斗栱結構及用材比較圖

以單杪(單翹)單昂斗栱為例

清式無足材名稱

柱頭枋(清稱正心枋)用單材,高15分,各層枋間用斗墊托.

昂尾 單材枋

正心枋(宋檻柱頭枋)高2斗口(20分)(足材)各層枋間不用斗墊托.

枋高2斗口

昂 杪(翹) 宋(營造法式)

昂(平置無尾) 翹(杪) 清(工程做法)

图6-3 斗栱结构及用材比较

两斗口（二十分），栱（单材）高仅 1.4 斗口（十四分）；而且在柱头中线上用材时，宋式用单材，材与材间用斗垫托，而清式用足材"实拍"，其间不用斗。所以在斗栱结构本身，宋式呈豪放疏朗之像，而清式则紧凑局促。至于斗栱全组与建筑物全部的比例，差别则更大了。因各个时代的斗栱显著的各有它的特征，故在许多实地调查时，便也可根据斗栱之形制来鉴定建筑物的年代，斗栱的重要在中国建筑上如此。

"大木作"是由每一组斗栱的组织，到整个房架结构之规定，这是这部书所最注重的，也就是上边所称为我国木构建筑的文法的。其他如"小木作""彩画"等，其中各种名称与做法也就好像是文法中字汇语词之应用及其性质之说明，所以我们实可以称这两部罕贵的术书做中国建筑之两部"文法课本"。

中篇

不同种类的
建筑艺术

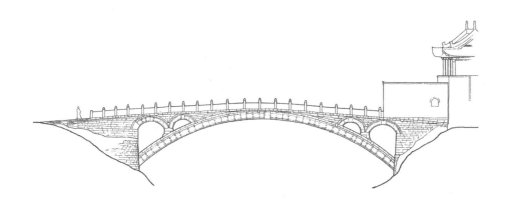

第 7 讲
中国的佛教建筑

一、佛教之传入和最初的佛教建筑

佛教是在一世纪左右，从印度经过现在的巴基斯坦、阿富汗而传入中国的。在大约两千年的时间，佛教对于中国人民（这里指的主要是汉族人民）的思想、文化，以及物质生活都发生了很大的影响。这一切在中国的建筑上都有所反映，并且集中地表现在中国的佛教建筑上。

佛教传入中国的时候，中国文化仅仅按照已经有文字的记录来说，就已经有了两千余年的历史。作为物质文化的一部分，中国建筑的历史实际上比有文字记录的历史要长若干倍。估计从石器时代开始，经过可能达到一两万年的时间，一直到佛教传入中国时，中国的匠师已经积累了极其丰富的经验。在工程结构方面，形成了一套有高度科学性的结构方法；在建筑的艺术处理方面，也形成了一套特殊风格的手法，成为一个独特的建筑体系，那就是今天一般被称作中国建筑的这样一个建筑体系。在这些建筑之中，有住宅、宫殿、衙署、作坊、仓库等，也有为满足各种精神需要的特殊建筑，如中国传统祭祀天地和五谷之神的坛庙，拜祖先的家庙，模拟神仙世界的仙山楼阁，迎接从云端下来的仙人的高台，等等。中国的佛教建筑就是在这样一个历史基础上发展起来的。

相传在 67 年，天竺高僧迦叶摩腾等来到当时中国的首都洛阳。当时的政府把一个宫署鸿胪寺，作为他们的招待所。"寺"本是汉朝的一种官署的名称，但是从此以后，它就成为中国佛教寺院的专称了。按照历史记载，当时的中国皇帝下命令为这些天竺高僧特别建造一些房屋，并且以他们驮着经卷来中国的白马命名，叫作"白马寺"（图 7-1）。到今天，凡是到洛阳的善男信女或是游客，没有不到白马寺去看一看这个中国佛教的苗圃的。

图 7-1　今天的河南洛阳白马寺

200 年前后，在中国历史上伟大的汉朝已经进入土崩瓦解的历史时期，在长江下游的丹阳郡（今天的南京一带）有一个官吏笮融，"大起浮图，上累金盘，下为重楼，又堂阁周回，可容三千许人，作黄金涂像，衣以锦采"（见《后汉书·陶谦传》）。这是中国历史的文字记载中比较具体地叙述一个佛寺的最早的文献。

从建筑的角度来看，值得注意的是它的巨大的规模，可以容纳三千多人。更引起我们注意的就是那个上累金盘的重楼。完全可以肯定，所谓"上累金盘"，就是用金属做的刹；它本身就是印度窣堵坡（塔）的缩影或模型。所谓"重楼"就是在汉朝，例如在司马迁的著名《史记》中所提到的汉武帝建造来迎接神仙的，那种多层的木构高楼。在原来中国的一种宗教用的高楼之上，根据当时从概念上对于印度窣堵坡的理解，加上一个刹，最早的中国式的佛塔就这样诞生了。

我们可以看见在当时的历史条件下，在人民的精神生活所提出的要求下，一个传统的中国建筑类型，加上了一些外来的新的因素，就为一个新的要求——佛教服务了。

二、佛教之广泛传播和寺塔之普遍兴建

从笮融建造他的佛寺的时候起，在以后大约四个世纪的期间，中国的社会、政治、经济陷入了极端混乱。许多经济文化比较落后的部落或民族，纷纷企图侵入当时经济、文化比较先进的和生活比较优裕安定的汉族地区。中国的北部就是从黄河流域一直到万里长城一带，变成了一个广阔的战场。在这个战场上进行着汉族和各个外围民族的战争，也进行着那些外围民族之间为了争夺汉族的土地和财富的战争；也进行着被压迫的人民对于他们的残暴的不管是本族的或者外族的统治者的反抗战争。

在这种情况下，广大人民的生活是非常痛苦的。他们的劳动成果不是

被战争完全破坏，就是被外来的征服者或是本民族的残暴的统治者所掠夺，生活没有保障。就是在这些统治者之间，在战争的威胁下，他们自己也感到他们的政权，甚至于他们自己的生命，也没有保障。在苦难中对于统治者心怀不满的人民也对他们的残暴的统治者进行反抗。总之，社会秩序是很不安定的。

在这种情况下，在困苦绝望中的人民在佛教里找到了安慰。同样地，当时汉族以及外围民族的统治者，在他们那种今天是一个胜利者，明天就可能变成了一个战争俘虏，沦为奴隶的无保障的生活中，也在佛教中看见了一个不仅仅在短短几十年之间的生命。同时他们还看到佛教的传播对于他们安定社会秩序的努力也起了很大的作用。在广大人民向往着摆脱苦难的要求下，在统治者的提倡下，佛教就在中国传播起来了。在四世纪，佛教已经传播到全中国。

在 400 年前后，中国的高僧法显就到印度去求法，回来写了著名的《佛国记》。在他的《佛国记》里，他也描写了一些印度的著名佛像以及著名的寺塔的建筑。法显从印度回到中国之后，对于中国佛教寺院的建筑，具体地发生了什么影响，由于今天已经没有具体的实物存在，我们不知其详，不过可以肯定地说是发生了一定的影响的。

在这个时期，很多中国皇帝都成为佛教的虔诚信徒。在 419 年，晋朝的一个皇帝，按历史记载，铸造了一尊十六尺高的青铜镀金的佛像，由他亲自送到瓦棺寺。在六世纪前半，有一位皇帝就多次把自己的身体施舍在庙里。后来唐朝著名的诗人杜牧，在他的一首诗中就有"南朝四百八十寺"这样一个名句。这说明在当时中国的首都建康（今天的南京），佛教建筑的活动是十分活跃的。

与此同时，统治着中国北方的，由北方下来的鲜卑族拓跋氏皇帝，在他们的首都洛阳，也建造了一千三百个佛寺。其中一个著名的佛塔，永宁寺的塔，一座巨大的木结构，据说有九层高，从地面到刹尖高一千尺，在一百里以外（约五十公里）就可以看见。虽然这种尺寸肯定是夸大了的，不过它的高度也必然是惊人的。我们可以说，像永宁寺塔这样的木塔，就

图 7-2　日本现存的飞鸟时代的法隆寺五重塔

是笮融的那个"上累金盘，下为重楼"那一种塔所发展到的一个极高的阶段。遗憾的是，这种木塔今天在中国已经没有一个存在。

我们要感谢日本人民，在他们的国土上，还保存下来像奈良法隆寺五重塔（图7-2）那种类型以及一些相当完整的佛寺组群。日本的这些木塔虽然在年代上略晚几十年乃至一二百年，但是由于这种塔形是由中国经朝鲜传播到日本去的，所以从日本现存的一些飞鸟、白凤时代的木塔上，我们多少可以看到中国南北朝时期木塔的形象。

此外，在敦煌的壁画里，在云冈石窟的浮雕里，以及云冈少数窟内的支提塔里，也可以看见这些形象。用日本的实物和中国这些间接的资料对比，我们可以肯定地说，中国初期的佛塔大概就是这种结构和形象。

在整个佛寺布局和殿堂的结构方面，同样的，我们也只能从敦煌的壁画以及少数在日本的文物建筑中推测。从这些资料看来，我们可以说，中国佛寺的布局在四五世纪已经基本上定型了。

总的说来，佛寺的布局，基本上是采取了中国传统世俗建筑的院落式布局方法。一般地说，从山门（即寺院外面的正门）起，在一根南北轴线上，每隔一定距离，就布置一座座殿堂，周围用廊庑以及一些楼阁把它们围绕起来。这些殿堂的尺寸、规模，一般是随同它们的重要性而逐步加强，往往到了第三或第四个殿堂才是庙宇的主要建筑——大雄宝殿。大雄宝殿的后面，在规模比较大的寺院里可能还有些建筑。这些殿堂和周围的廊庑楼阁等就把一座寺院划为层层深入、引人入胜的院落。在最早的佛寺建筑中，佛塔的位置往往是在佛寺的中轴线上的。有时在山门之外，有时在山门以内。但是后来佛塔就大多数不放在中轴线上而建立在佛寺的附近，甚至相当距离的地方。

中国佛寺的这种院落式的布局是有它的历史和社会根源的。除了它一般地采取了中国传统的院落布局之外，还因为在历史上最初的佛寺就是按照汉朝的官署的布局建造的。我们可以推测，既然用寺这样一个官署的名称改做佛教寺院的名称，那么，在形式上佛教的寺很可能也在很大程度上采用了汉朝官署的寺的形式。另一方面，在南北朝的历史记载中，除了许多人，从皇帝到一般的老百姓，舍身入寺之外，还有许多贵族官吏和富有的人家，还舍宅为寺，把他们的住宅府第施舍给他们所信仰的宗教。这样，有很多佛寺原来就是一所由许多院落组成的住宅。由于这两个原因，佛寺在它以后两千年的发展过程中，一般都采取了这种世俗建筑的院落形式加以发展，而成为中国佛教布局的一个特征。

佛寺的建筑对于中国古代的城市面貌带来很大的变化。可以想象，在没有佛寺以前，在中国古代的城市里，主要的大型建筑只有皇帝的宫殿、贵族的府第，以及行政衙署。这些建筑对于广大人民都是警卫森严的禁地，在形象上，和广大人民的比较矮小的住宅形成了鲜明的对比。可以想象，旧的城市轮廓面貌是比较单调的。但是，有了佛教建筑之后，在中国古代的城市里，除了那些宫殿、府第、衙署之外，也出现了巍峨的殿堂，甚至比宫殿还高得多的佛塔。

这些佛教建筑丰富了城市人民的生活，因为广大人民可以进去礼佛、焚香，可以在广阔的庭院里休息交际，可以到佛塔上面瞭望。可以说，尽管这些佛寺是宗教建筑，它们却起了后代公共建筑的作用。同时，这些佛寺也起了促进贸易的作用，因为古代中国的佛寺也同古代的希腊神庙、基督教教堂前的广场一样，成了劳动人民交换他们产品和生活用品的市集。

另一方面，这些佛教建筑不仅大大丰富了城市的面貌，而且在原野山林之中，我们可以说，佛教建筑丰富了整个中国的风景线。有许多著名的佛教寺院都是选择在著名风景区建造起来的。原来美好的风景区有了这些寺塔，就更加美丽幽雅。它本身除了宣扬佛法之外，同时也吸引了游人特别是许多诗人画家，为无数的诗人画家提供了创作的灵感。诗人画家的创作反过来又使这些寺塔在人民的生活中引起了深厚的感情。

总的说来，单纯从佛教建筑这一个角度来看，佛教以及它的建筑对于中国文化，对于中国的艺术创作，对于中国人民的精神生活，都有巨大的影响、巨大的贡献。

三、文献中的早期佛教建筑

在两千年的发展过程中，中国的佛教建筑经过一代代经验的积累，不断地发展，不断地丰富起来，给我们留下了很多珍贵的遗产。在不同的地区、不同的时代，由于不同的社会的需要，不同的技术科学上的进步，佛教建筑也同其他建筑一样，产生了许多不同的结构布局和不同的形式、风格。

从敦煌的壁画里，我们看到，从北魏到唐（从五世纪到十世纪）这五百年间，佛寺的布局一般都采取了上面所说的庭院式的布局。但是，建造一所佛寺毕竟需要大量的人力、物力、财力，因此，规模比较大、工料比较好、艺术水平比较高的佛教建筑，大多数是在社会比较安定、经济力量比较雄厚的时候建筑的。佛寺的建造地点，虽然在后代有许多是有意识地选择远离城市的山林之中，但总的看来，佛寺的建筑无论从它的地点来说，或者是从它的建造规模来说，大多数还是在人口集中的城市里，或者是沿着贸易交通的孔道上。

除了上文所提到的建康的"南朝四百八十寺"以及洛阳的一千三百多寺之外，在唐朝长安（今天的西安）城里的一百一十个坊中，每一个坊里至少有一个以上的佛寺，甚至于有一个佛寺而占用整个一坊的土地的（如大兴善寺就占靖善坊一坊之地）。这些佛寺里除造像外大部分都有塔，有壁画。这些壁画和造像大多是当时著名的艺术家的作品。中国古代一部著名的美术史《历代名画记》里所提到的名画以及著名雕刻，绝大部分是在长安洛阳的佛寺里的。在此以前，例如在号称有高一千尺的木塔的洛阳，也因为它有大量的佛寺而使北魏的一位作家杨衒之给后代留下了《洛阳伽蓝记》这样一本书。又如著名的敦煌千佛洞就位置在戈壁大沙漠的边缘上。敦煌的位置可以和十九世纪以后的上海相比拟，戈壁沙漠像太平洋一样，隔开了也联系了东西的交通。敦煌是走上沙漠以前的最后一个城市，也是由西域到中国来的人越过了沙漠以后的第一个城市。就是因为这样，经济、政治的战略位置，其中包括文化、交通孔道上的战略位置，才使得中国第一个佛教石窟寺在敦煌凿造起来。这一切说明尽管宗教建筑从某一个意义上来说，是一种纯粹的精神建筑，但是它的发展是脱离不了当时当地的政治、经济、社会环境所造成的条件的。

四、最古的遗物——石窟寺

现在我们设想从西方来的行旅越过了沙漠到了敦煌，从那里开始，我们很快地把中国两千年来的一些主要的佛教史迹游览一下。

敦煌千佛崖的石窟寺是中国现存最古的佛教文物。（图 7-3）现存的大

图 7-3　甘肃敦煌千佛崖石窟寺的外景

约六百个石窟是从 366 年开始到十三世纪将近一千年的长时间中陆续开凿出来的。其中现存的最古的几个石窟是属于五世纪的。这些石窟是以印度阿旃陀、加利等石窟为蓝本而模仿建造的。

首先由于自然条件的限制，敦煌千佛崖没有像印度一些石窟那样坚实的石崖，而是比较松软的砂卵石冲积层，不可能进行细致的雕刻。因此在建筑方面，在开凿出来的石窟里面和外面，必须加上必要的木结构以及墙壁上的粉刷。墙壁上不能进行浮雕，只能在抹灰的窟壁上画壁画或做少量的泥塑浮雕。因此，敦煌千佛崖的佛像也无例外地是用泥塑的，或者是在开凿出来的粗糙的石胎模上加工塑造的。在这些壁画里，古代的画家给我们留下了许多当时佛教寺塔的形象，也留下了当时人民宗教生活和世俗生活的画谱。

其次，在今天山西省大同城外的云冈堡，我们可以看到中国内地最古的石窟群。在长约一公里的石崖上，北魏的雕刻家们在短短的五十年间（大约 450—500 年）开凿了大约两打大小不同的石窟和为数甚多的小壁龛。

其中最大的一座佛像，由于它的巨大的尺寸，就不得不在外面建造木结构的窟廊。（图 7-4）但是，大多数的石窟却采用了在崖内凿出一间间窟室的形式，其中有些分为内、外两室，前室的外面就利用山崖的石头刻成窟廊的形式。内室的中部一般多有一个可以绕着行道的塔柱或雕刻着佛像的中心柱。

我们可以从云冈的石窟看到印度石窟这一概念到了中国以后，在形式上已经起了很大的变化。例如印度的支提窟平面都是马蹄形的，内部周围有列柱。但在中国，它的平面都是正方或长方形的，而用丰富的浮雕代替了印度所用的列柱。印度所用的圆形的窣堵波也被方形的中国式的塔所代替。

此外，在浮雕上还刻出了许多当时的中国建筑形象，例如当时各种形式的塔、殿、堂等等。浮雕里所表现的建筑，例如太子出游四门的城门，就完全是中国式的城门了。乃至于佛像、菩萨像的衣饰，尽管雕刻家努力使它符合佛经的以及当时印度佛像雕刻的样式，但是不可避免地有许多细

图 7-4　山西大同云冈石窟的佛像

节是按当时中国的服装来处理的。

　　值得注意的是，在石窟建筑的处理上，和浮雕描绘的建筑上，我们看到了许多从西方传来的装饰母题。例如佛像下的须弥座、卷草、哥林斯式①的柱头，伊奥尼克②的柱头，与希腊的雉尾和箭头极其相似的莲瓣装饰，以及那些联珠璎珞，等等，都是中国原有的艺术里面未曾看见过的。这许多装饰母题经过一千多年的吸收、改变、丰富、发展，今天已经完全变成中国的雕饰题材了。

　　在 500 年前后，北方鲜卑族的拓跋氏统治着半个中国，取得了比较坚固的政治局面，就从山西的大同迁都到河南的洛阳，建立他们的新首都。

① 今译柯林斯。——编者注

② 今译爱奥尼克。——编者注

同时也在洛阳城南的十二公里的伊水边上选择了一片石质坚硬的石灰石山崖，开凿了著名的龙门石窟。

我们推测在大同的五十年间，云冈石窟已成了北魏首都郊外一个不可缺少的部分，在政治上、宗教上具有重要的意义，所以在洛阳，同样的一个石窟就必须尽快地开凿出来。

洛阳石窟不像云冈石窟那样采用了大量的建筑形式，而着重在佛像雕刻上。尽管如此，龙门石窟的内部还是有不少的建筑艺术处理的。在这里，我们不能不以愤怒的心情提到，在著名的宾阳洞里两幅精美绝伦的叫作《帝后礼佛图》的浮雕，在过去反动统治时期已经被近代的万达尔（Vandals）——美国的文化强盗敲成碎块，运到纽约的都市博物馆里去了。

在河北省磁县的响堂山，也有一组六世纪的石窟组群。这一组群表现了独特的风格。在这里我们看到了印度建筑形式和中国建筑形式是非常和谐的，但有些也不很和谐的结合。印度的火焰式的门头装饰在这里被大量地使用。印度式的束莲柱也是这里所常看见的。山西太原附近的天龙山也属于六世纪，在石窟的建筑处理上就完全采用了中国木结构的形式。

从这些实例看来，我们可以得出这样一个结论：石窟这一概念是从印度来的，可是到了中国以后，逐渐地它就采取了中国广大人民所喜闻乐见的传统形式，但同时也吸收了印度和西方的许多母题和艺术处理手法。佛教的石窟遍布全中国，我们不能在这里细述了。

在上面所提到的这些石窟中，我们往往可以看到令人十分愤慨的一些现象。在云冈、龙门，除了像宾阳洞的《帝后礼佛图》那样整片的浮雕或整座的雕像被盗窃之外，像在天龙山，现在就没有一座佛像存在。这些东西都被帝国主义的文化强盗勾结着中国的反动军阀、官僚、奸商，用各种盗窃欺骗的手段运到他们的富丽堂皇的所谓博物馆里去了。斯坦因[①]、怕希和[②]在敦煌盗窃了大量的经卷。云冈、龙门无数的佛头，都被陈列在帝国主

---

① 斯坦因（1862—1943），英籍匈牙利人，考古学家。

② 今译伯希和（1878—1945），法国东方学家。

义的博物馆里。帝国主义文化强盗这种掠夺盗窃行为是必须制止的，是不可饶恕的，是我们每一个有丰富文化遗产的民族国家所必须警惕提防的。

五、唐以来的佛寺组群和殿堂

前面已经说到，中国的佛寺建筑是由若干个殿堂、廊庑、楼阁等等联合起来组成的，因为每一所佛寺就是一个建筑组群。在这种组群里除了举行各种宗教仪式的部分以外，往往还附有僧侣居住和讲经修道的部分。这种完整的组群中，现存的都是比较后期的，一般都是十三、十四世纪以后的。因此，在这以前的木构佛寺，我们只能看到一些不完整的，或是经过历代改建的组群。

在中国木结构的佛教建筑中，现在最古的是山西五台山的南禅寺，它是 782 年建成的。虽然规模不大，它是中国现存最古的一座木构建筑。具有重大历史意义的是离南禅寺不远的佛光寺大殿。它是 857 年建造的，是一座七间的佛殿，一千一百年来还完整地保存着。

佛光寺位置在五台山的西面山坡上，因此这个佛寺的朝向不是用中国传统的面朝南的方向，而是向西的。沿着山势，从山门起，一进一进的建筑就着山坡地形逐渐建到山坡上去。大殿就在组群最后也是最高的地点。

据历史记载，九世纪初期在它的地点上，曾经建造了一座三层七间的弥勒大阁，高九十五尺，里边有佛、菩萨、天王像七十二尊。但是在 845 年，由于佛教和道教在宫廷里斗争的结果，道教获胜，当时的皇帝下诏毁坏全国所有的佛教寺院，并且强迫数以几十万计的僧尼还俗。这座弥勒大阁在建成后仅仅三十多年，就在这样一次宗教政治斗争中被毁坏了。这个皇帝死了以后，他的皇叔，一个虔诚的佛教徒登位了，立即下诏废除禁止佛教的命令；许多被毁的佛教寺院，又重新建立起来。现存的佛光寺大殿，就是在这样的历史条件下重建的。但是它已经不是一座三层的大阁，而仅仅是一层的佛殿了。这个殿是当时在长安的一个妇人为了纪念在三十年前被杀掉的一个太监而建造的。这个妇女和太监的名字都写在大殿大梁的下面和大殿面前的一座经幢上。这些历史事实再一次说明宗教建筑也是和当时的政治经济的发展分不开的。

在这一座建筑中，我们看到了从古代发展下来已经到了艺术上技术上高度成熟的一座木建筑。在这座建筑中，大量采用了中国传统的斗栱结构，充分发挥了这个结构部分的高度装饰性而取得了结构与装饰的统一。在内部，所有的大梁都是微微拱起的，中国所称作月梁的形式。这样微微拱起的梁既符合力学荷载的要求，再加上些少的艺术加工，就呈现了极其优美柔和而有力的形式。在这座殿里，同时还保存下来九世纪中叶的三十几尊佛像、同时期的墨迹以及一小幅的壁画，再加上佛殿建筑的本身，唐朝的四种艺术就集中在这一座佛寺中保存下来。应该说，它是中国建筑遗产中最可珍贵的无价之宝。

遗憾的是，佛光寺的组群已经不是唐朝九世纪原来的组群了。现在在大殿后还存在着一座六或七世纪的六角小砖塔；大殿的前右方，在山坡较低的地方，还存在着一座十三世纪的文殊殿。此外，佛光寺仅存的其他少数建筑都是十九世纪以后重建的，都是些规模既小、质量也不高的房屋，都是和尚居住和杂用的房屋。现在中华人民共和国文化（和旅游）部已经公布佛光寺大殿作为中国古代木建筑中第一个国家保护的重要文物。中华人民共和国成立以来，人民政府已经对这座大殿进行了妥善的修缮。

按照年代的顺序来说，其次最古的木建筑就是北京正东约九十公里蓟县（今蓟州区）的独乐寺。在这个组群里现在还保存着两座建筑：前面是一座结构精巧的山门，山门之内就是一座高大巍峨的观音阁。这两座建筑都是984年建筑的。

观音阁是一座外表上为两层实际上三层的木结构。它是环绕着一尊高约十六米的十一面观音的泥塑像建造起来的。因此，二层和三层的楼板，中央部分都留出一个空井，让这尊高大的塑像，由地面层穿过上面两层，树立在当中。这样在第二层，瞻拜者就可以达到观音的下垂的右手的高度；

到第三层，他们就可以站在菩萨胸部的高度，抬起头来瞻仰观音菩萨慈祥的面孔和举起的左手，令人感到这一尊巨像，尽管那样的大，可是十分亲切。同时从地面上通过两层的楼井向上看，观者的像又是那样高大雄伟。在这一点上，当时的匠师在处理瞻拜者和菩萨像的关系上，应该说是非常成功的。

在结构上，这座三层大阁灵巧地运用了中国传统木结构的方法，那就是木材框架结构的方法，把一层层的框架叠架上去。第一层的框架，运用它的斗栱，构成了下层的屋檐，中层的斗栱构成了上层的平座（挑台），上

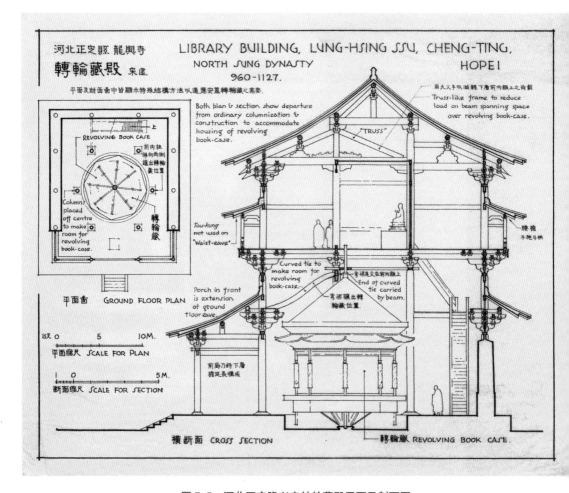

图 7-5　河北正定隆兴寺转轮藏殿平面及剖面图

图 7-6 1933 年，梁思成在隆兴寺转轮藏殿檐下测绘

层的斗栱构成了整座建筑的上檐。在结构方法上，基本上就是把佛光寺大殿的框架三层重叠起来。在艺术风格上也保持了唐朝那一种雄厚的风格。

在十八世纪时，这个寺被当时的皇帝用作行宫，作为他长途旅行时休息之用。因此，原来的组群已经经过大规模的改建，所余的只是山门和观音阁两座古建筑了。

在中国现存较古的佛教寺院中，可以在河北正定隆兴寺和山西大同善化寺这两个组群中看到一些比较完整的形象。

正定隆兴寺是 971 年开始建造的。由最前面的山门到最后面的大悲阁，原来一共有九座主要建筑。尽管今天其中已经有两座完全坍塌，主要的大悲阁也在严重损坏后，仅将残存部分重修保留下来，改变了原来的面貌；但是还能够把原来组群的布局相当完整地保存下来。在这个组群中，大悲阁是最主要的建筑，阁内供养一尊巨大的千手观音铜立像。可惜原来环绕着这座铜像的阁本身已经毁坏得很厉害。大悲阁的左右两侧各有一楼，楼阁并列，在构图效果上形成了整个组群的最高峰。大悲阁前面庭院的左右

图 7-7 河北正定隆兴寺转轮藏，是中国现存唯一十世纪的真正可转动的佛经书架

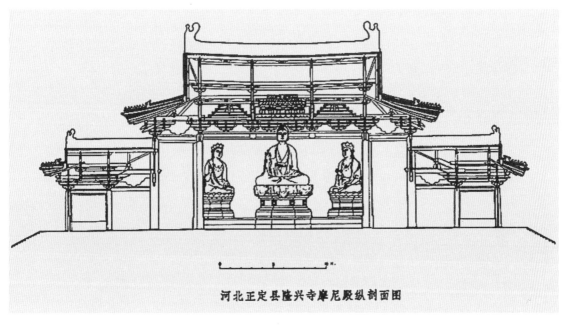

河北正定县隆兴寺摩尼殿纵剖面图

图 7-8　河北正定隆兴寺摩尼殿纵剖面图

图 7-9　河北正定隆兴寺摩尼殿正面外景

两侧，各有一座小楼，其中一座是转轮藏（图7-5至图7-7），整座小楼的设计就是为一个转轮藏而构成的。到现在为止，这个转轮藏是中国现存唯一十世纪的真正可以转动的佛经的书架。与大悲阁相对在轴线上是一个十八世纪建造的戒坛。戒坛的前面有一座平面正方形，每面突出一个抱厦，从而形成了极其优美丰富的屋顶轮廓线的摩尼殿（图7-8、图7-9）。这一座殿是十一世纪建造的，是这个组群中除戒坛外年代最晚的一座建筑。摩尼殿前面的大觉六师殿和它前面左右侧的钟楼、鼓楼则不幸在不知什么时候毁坏了。

山西大同善化寺是一个比较完整的辽金时代的组群。现在还保存着四座主要建筑和五座次要建筑；全部是由十一世纪中叶到十二世纪中叶这一个世纪之间建成的。（图7-10至图7-14）这个组群规模不如正定隆兴寺那样深邃，但是庭院广阔，气魄雄伟，呈现很不相同的气氛。这个组群虽然年代相距不远，但是隆兴寺是在汉族统治之下建造的，而善化寺所在的大同当时是在东北民族契丹、女真统治下的。这两个组群所呈现的迥然不同的气氛，一个深邃而比较细致，一个广阔而比较豪放，很可能在一定程度上反映了当时南北不同民族的风格。

可以附带提到大同华严寺的薄伽教藏（图7-15、图7-16）。它是原来规模宏大的华严寺组群遗留下来的两座建筑之一，虽然它是其中较小的一座，可是作为一座1038年建成的佛教图书馆，它有特殊重要的意义。靠着这座图书馆内部左右和后面墙壁，是一排U字形排列的制作精巧的藏经的书橱壁藏。这个书橱最下层是须弥座，中层是有门的书橱主体，上面做成所谓"天宫楼阁"。这个"天宫楼阁"可以说是当时木建筑的一个精美准确的模型。整座壁藏则是中国现存最古的书橱。

在山西洪赵县的霍山，有两个蒙古统治时代建造的组群广胜寺。这两个组群是一个寺院的两部分，一部分在山上叫作上寺，一部分在山下叫作下寺。上寺和下寺由于地形的不同而呈现不同的轮廓线。上寺位置在霍山最南端的尾峰上，利用南北向的山脊作为寺的轴线。因此轴线就不是一根直线而随着山脊略有曲折。在组群的最南端，也就是在山末最南端的一个

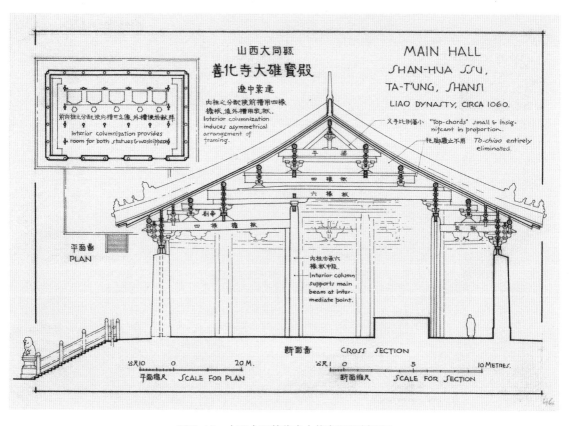

山西大同縣
善化寺大雄寶殿
遼中葉建

MAIN HALL
SHAN-HUA SSU,
TA-T'UNG, SHANSI
LIAO DYNASTY, CIRCA 1060.

内柱之分配使前槽用四椽
栿栿後槽用乳栿
Interior columnization
induces asymmetrical
arrangement of
framing.

義手比例甚小，"Top-chords" small & insig-
niﬁcant in proportion.
托脚亦止不用 To-chiao entirely
eliminated.

新内柱之分配使内槽可立像　外槽便於栱拜
Interior columnization provides
room for both statues & woshippers.

平槫

四椽栿

六椽栿

剳牽
四椽栿

乳栿

平面畵
PLAN

内柱承六
椽栿中段
Interior column
supports main
beam at inter-
mediate point.

断面畵　CROSS SECTION

公尺10　　0　　　20 M.
平面縮尺　SCALE FOR PLAN

公R1 0　　　5　　　10 METRES.
断面縮尺　SCALE FOR SECTION

46

图 7-10　山西大同善化寺大雄宝殿平剖面图

山西大同善化寺大雄寶殿復古圖

图 7-11　山西大同善化寺大雄宝殿渲染图

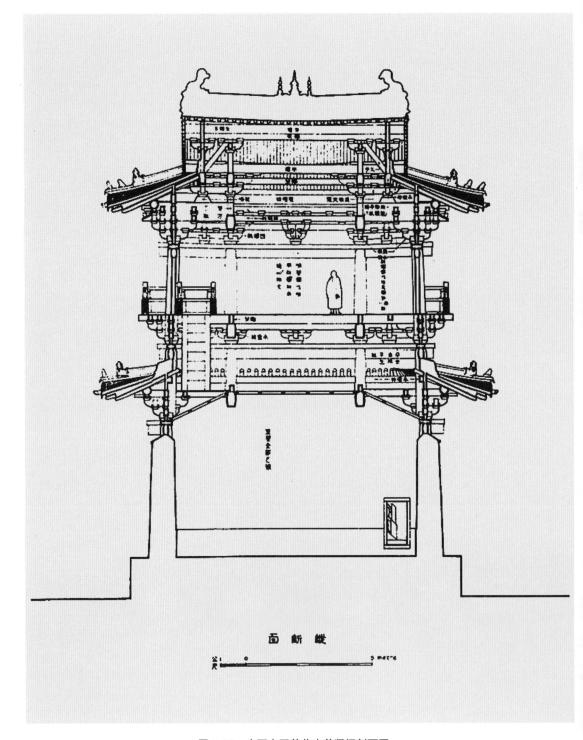

縱 断 面

图 7-12　山西大同善化寺普贤阁剖面图

图 7-13　山西大同善化寺普贤阁渲染图

图 7-14　1933 年，梁思成测绘善化寺普贤阁

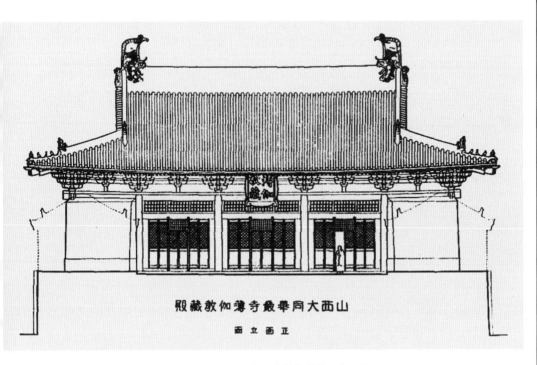

图 7-15　山西大同华严寺薄伽教藏殿立面图

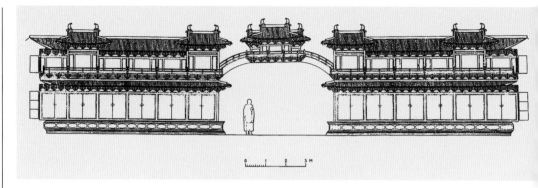

图 7-16　山西大同薄伽教藏殿内藏经柜展开图

小山峰上建造了一座高大的琉璃塔。尽管这座琉璃塔是十五世纪建成的，却为十四世纪的整个组群起了画龙点睛的作用。下寺的规模比较小，可以说是上寺的附属组群。在这两个组群中，结构上大量地采用了蒙古统治时代所常用的圆木作结构，并且用了巨大的斜昂，构成类似近代的桁架的结构。这种结构只在蒙古统治时期短短的一百年间，昙花一现地使用过，在这以前和以后都没有看见。

广胜寺原来藏有稀世的珍本金版的藏经，在抗日战争时期，日本侵略者曾经企图抢劫这部藏经。现在人民政府国务院副总理薄一波当时为了保卫这部藏经，曾经率领八路军部队在寺的附近和日本侵略军展开了激烈的战斗，胜利地为祖国人民保卫住了这部珍贵的文化遗产。

十四世纪末叶以后，那就是说明、清两朝的佛寺，现在在中国保存下来的很多，只能按照不同的地区和当时不同的要求，举几个典型。

首先是所谓敕建的寺院，亦即皇帝下命令所建造的寺院。这种寺院一般地规模都很大，无论在什么地区，大多按照政府规定的规范（亦即北京的规范）设计建造。

例如现在北京中国佛教协会所在的广济寺（图 7-17），就是一个很好的例子。这个寺位置在城市中心的热闹区，占用的土地面积在一定程度上受到限制，但是还是有完整的层层院落。山门面临热闹的大街，门内有一个广阔的可以停车马的前院。这种前院在一个封建帝国的首都，是贵族和高级官吏、富有的商人等等，特别是他们的眷属，到寺里烧香礼佛所必需的。面临前院和山门相对的是一座天王殿，殿内有四尊天王像，它们不仅是东西南北四面天的保卫者，并且是寺院的保卫者。在天王殿的前面，在前院的两侧是钟楼和鼓楼，每天按照寺院生活的日程按时鸣钟击鼓。天王殿的后面，是寺内的主要建筑大雄宝殿。它的后面是圆通宝殿。前一座供奉的是三世佛，后一座供奉的是观音菩萨。最后是一座两层的藏经阁，在很长的一个时期内著名的佛牙就供奉在这座阁上。

从天王殿一直到藏经阁的两旁是一系列的配殿和廊庑，把整个组群环绕起来，同时也把几个院落划分出来。由于地势比较局促，广济寺的庭院虽然不十分广阔，可是仍然开朗幽雅，十分适宜于修身养性，陶冶性灵。在这方面，建筑师的处理是十分成功的。

图 7-17　北京广济寺大雄殿

在这个组群的右侧，另外还有几个院落，是方丈僧侣居住的地区，现在也是中国佛教协会会址所在。这个组群原来是十七世纪建造的，后来曾经部分烧毁，又经修复。在中华人民共和国成立以后，人民政府对广济寺又进行了一次大规模的重修，面貌已经焕然一新，成为中国佛徒活动的主要中心了。

在北京郊外西山的碧云寺是敕建寺院的另一典型。由于自然环境不同，建筑处理的手法和市区佛寺的处理手法也就很不相同了。碧云寺所在的地点是北京西郊西山的一个风景点。这里有甘冽的泉水，有茂密的柏林，有起伏的山坡，有巉岩的山石。因此，碧云寺的殿堂廊庑的布局就必须结合地形，并且把这些泉水、岩石、树木组织到它的布局中来。沿着山坡在不同的高度上坐落一座座的殿堂以及不同标高的院落。在这个组群中可以突出地提到三点：

一个是田字形的五百罗汉殿，这里边有五百座富有幽默感的罗汉像，把人带进了佛门那种自由自在的境界。罗汉堂的田字形平面部署尽管是一个很规则的平面，可是给人带来了一种迂回曲折，难以捉摸，无意中会遗漏了一部分，或是不自觉地又会重游一趟的那一种错觉。

另一个突出点是组群的最高峰，汉白玉砌成金刚宝座塔。从远处望去，在茂密的丛林中，这座屹立的白石塔指出了寺的位置，把远处的游人或香客引导到山下山门所在，让人意外地发现呈现在眼前的这一座幽雅的佛寺。关于这座塔，在另一段中将比较详细地叙述，在这里就不必细谈了。

另一个突出点，是以泉水为中心的庭园。在这里有明澈如镜的放生池，有涓涓流水，在茂密的松柏林下，可以消除任何人的一身火气，令人进入一个清凉的境界。

总的说来，这个组群是在山林优美地区建造佛寺的一个典型。浙江杭州的灵隐寺，以及江西庐山很多著名的寺院，都有相同的效果。

中国南方地区由于自然条件特别是气候原因，佛寺的建筑就和北方的特别是敕建的佛寺在部署上或是在风格上就有很大的区别。例如四川峨眉山许多著名的寺院，都建造在坡度相当陡峭的山坡上。在这里气候比较温和而多雨，山上林木茂盛，因此我们所见到的是一个个沿着山坡一层比一层高，全部用木料建造的佛寺组群。由于天气比较温暖，所以寺庙的建筑就很少用雄厚的砖石墙而大量利用山上的木材做成板壁。院落本身也由于山地陡坡的限制而比较局促。但是，只要走出寺门，就是广阔无边的茂林，或是重叠起伏的山峦，或目极千里的远景，因此寺内局促的感觉也不妨碍着寺作为一个整体的开阔感了。峨眉山下的报国寺、半山的万年寺、山顶的接引殿等都是属于这个类型。

然匠师们在建造陵墓和佛塔中已经运用了一千多年的发券，却是到十四、十五世纪之交才这样运用到地面可以居住或使用的结构上来。在外表形式的处理上，当时的工匠用砖模仿木结构的形式，砌出柱梁斗栱、檐椽等等。这种做法本来是砖塔上所常用的，把它用到殿堂上来，可以说又创造了佛教殿堂的一个新的类型。在太原永祚寺，除了大雄宝殿之外，还和东西配殿构成一个组群。一般说来，这种结构方法还是没有普遍地推广，实物还是比较少的。

有必要叙述一下清朝（1644—1911 年）时期中修建的一些藏传佛教寺庙，如北京的雍和宫（图 7-18）、承德的"外八庙"等。

藏传佛教是在元朝统治时期（十三世纪后半和十四世纪）由西藏传入汉族地区的，清朝，西藏和北京的中央政权的关系进一步密切，西藏的统治者接受了中央政权封赐的达赖和班禅的称号。这种关系的进一步密切也在建筑上反映出来。在北京城的北面修建了东黄寺和西黄寺两个组群。东黄寺是达赖喇嘛到北京时的行宫，西黄寺则是给班禅喇嘛的。可惜在 21 世纪的前半，在反动统治和日本帝国主义侵略时期，这两个组群都被破坏无遗了。因此在北京，我们只能举雍和宫为例。

雍和宫是清朝第三代皇帝将他做王子时的王府施舍出来改建的，于1735 年完成，是北京城内最大的藏传佛教寺庙。庙前有巨大的广场和三个牌坊，山门以内中轴线上序列着六座主要建筑。这些建筑都是用传统的汉族手法建造的。其中法轮殿平面接近正方形，屋顶有三道平行的屋脊。中

图 7-18 北京雍和宫

间的一脊较高，上面中央建一座"亭子"，前后两脊较低，各建两座"亭子"，形成了金刚宝座塔的"五塔"形状，而这种塔却是在十五世纪由西藏传到北京的。

组群的最后一进是绥成殿，与左右并列的两阁各以飞桥相连。这种布局是中国建筑中比较罕见的，但其来源并不是西藏而是汉族的古老传统。

雍和宫最高大的建筑物是万福阁，阁内是一尊高达 20 米的弥勒佛像。

河北省承德是清朝皇帝避暑的地方，建有避暑山庄（离宫）。在避暑山庄的东北的丘陵地带，从 1713 年至 1870 年之间陆续建造了十一座大型藏传佛教寺组群，其中八处至今还存在，称为"外八庙"。这些组群都建造在山坡上，背山面水，充分利用了地形，形成了丰富的轮廓线。在这些建筑中，有模仿新疆维吾尔族形式的，有完全西藏式的，也有以汉族形式为主而带有西藏风趣的。

上面只举出了少数突出的著名佛寺组群，但这并不意味着中国的佛教建筑仅仅就是这种大型佛寺。事实是，数以万计的佛寺，可能到十万以上的大大小小佛寺遍布全中国。大的如上所述，小的只有一个正殿两个配殿，和一般小住宅差不多。这些无数的佛寺中各有不同的地方风格，其中也有极优秀的作品。从佛寺的数字和分布上看来，也可以看到佛教对中国人民生活的历史性影响。

第 8 讲

佛教石窟造像

民国二十二年（1933 年）九月间，营造学社同人，趁着到大同测绘辽金遗建华严寺、善化寺等之便，决定附带到云冈去游览、考察数日。（图 8-1

图 8-1　1933 年，梁思成（左起）、刘敦桢、林徽因在山西大同云冈石窟考察

至图 8-4）

云冈灵严石窟寺，为中国早期佛教史迹壮观。因天然的形势，在绵亘峭立的岩壁上，凿造龛像，建立寺宇，动伟大的工程，如《水经注·漯水条》所述："……凿石开山，因岩结构，真容巨壮，世法所希，山堂水殿，烟寺相望，……"；又如《续高僧传》中所描写的"……面别镌像，穷诸巧丽，龛别异状，骇动人神……"；则这灵岩石窟更是后魏艺术之精华——中国美术史上一个极重要时期中难得的大宗实物遗证。

但是或因两个极简单的原因，这云冈石窟的雕刻，除掉其在宗教意义上，频受人民香火，偶遭帝王巡幸礼拜外，十数世纪来直到近三十余年前，在这讲究金石考古学术的中国里，却并未有人注意及之。

我们所疑心的几个简单的原因，第一个浅而易见的，自是地处边僻，交通不便。第二个原因，或是因为云冈石窟诸刻中，没有文字。窟外或崖壁上即使有，如《续高僧传》中所称之碑碣，却早已漫没不存痕迹，所以在这偏重碑拓文字的中国金石学界里，便引不起什么注意。第三个原因，是士大夫阶级好排斥异端，如朱彝尊的《云冈石佛记》，即其一例，宜其湮没千余年，不为通儒硕学所称道。

近人中，最早得见石窟，并且认识其在艺术史方面的价值和地位、发表文章、记载其雕饰形状、考据其兴造年代的，当推日人伊东[①]和新会陈援庵先生[②]；此后专家做有系统的调查和详细摄影的，有法人沙畹（Chavannes）[③]，日人关野贞、小野诸人[④]，各人的论著均以这时期因佛教的传布，中国艺术固有的血脉中忽然掺杂旺而有力的外来影响，为可重视。且西域所传入的影响，其根苗可远推至希腊古典的渊源，中间经过复杂的途径，迤逦波斯，蔓延印度，更推迁至西域诸族，又由南北两路犍陀罗及西

---

① 伊东忠太：北清建筑调查报告，见《建筑杂志》第 189 号。

② 陈垣：山西大同武州山石窟寺记。

③ Edouard Chavannes: Mission archeologique dans la Chine Septentrionale .

④ 小野玄妙：极东之三大艺术。

中篇 不同种类的建筑艺术

图 8-2　1933 年，梁思成等人在山西大同云冈石窟考察建筑

藏地区以达中国。这种不同文化的交流濡染，为历史上最有趣的现象，而云冈石刻便是这种现象极明晰的实证之一种，自然也就是近代治史者所最珍视的材料了。

　　根据着云冈诸窟的雕饰花纹的母题（motif）及刻法，佛像的衣褶容貌及姿势，断定中国艺术约莫由这时期起，走入一个新的转变，是毫无问题的。以汉代遗刻中所表现的一切戆直古劲的人物车马花纹，与六朝以还的佛像饰纹，和浮雕的草叶、璎珞、飞仙等等相比较，则前后判然不同的倾向，一望而知。仅以刻法而论，前者单简冥顽，后者在质朴中，忽而柔和生动，更是相去悬殊。

但云冈雕刻中"非中国"的表现甚多，或显明承袭希腊古典宗脉，或繁复地掺杂印度佛教艺术影响；其主要各派元素多是囫囵并包，不难历历辨认出来的。因此又与后魏迁洛以后所建伊阙石窟——即龙门——诸刻，稍不相同。以地点论，洛阳伊阙已是中原文化中心所在；以时间论，魏帝迁洛时，距武州凿窟已经半世纪之久；此期中国本有艺术的风格，得到西域袭入的增益后，更是根深蒂固，一日千里，反将外来势力积渐融化，与本有的精神冶于一炉。

云冈雕刻既然上与汉刻迥异，下与龙门较，又有很大差别，其在中国艺术史中，固自成一特种时期。近来中西人士对于云冈石刻更感兴趣，专程到那里谒拜鉴赏的，便成为常事，摄影翻印，到处可以看到。同人等初意不过是来大同机会不易，顺便去灵岩开开眼界，瞻仰后魏艺术的重要表现；如果获得一些新的材料，则不妨图录笔记下来，做一种云冈研究补遗。

图 8-3　1933 年，林徽因在山西大同云冈石窟前

以前从搜集建筑实物史料方面，我们早就注意到云冈、龙门及天龙山等处石刻上"建筑的"（architectural）价值，所以造像之外，影片中所呈示的各种浮雕花纹及建筑部分（若门楣、栏杆、柱塔等等），均早已列入我们建筑实物史料的档库。这次来到云冈，我们得以亲目抚摩这些珍罕的建筑实物遗证，同行诸人，不约而同地第一转念，便是做一种关于云冈石窟"建筑的"方面比较详尽的分类报告。

　　这"建筑的"方面有两种：一是洞本身的布置，构造及年代，与敦煌印度之差别等，这个倒是比较简单的；一是洞中石刻上所表现的北魏建筑物及建筑部分，这后者却是个大大有意思的研究，也就是本篇所最注重处，亦所以命题者。然后我们当更讨论到云冈飞仙的雕刻，及石刻中所有的雕饰花纹的题材、式样等等。最后当在可能范围内，研究到窟前当时，历来及现在的附属木构部分，以结束本篇。

　　云冈石窟所表现的建筑式样，大部为中国固有的方式，并未受外来多少影响，不但如此，且使外来物同化于中国，塔即其例。印度窣堵坡方式，本大异于中国本来所有的建筑，及来到中国，当时仅在楼阁顶上，占一象征及装饰的部分，成为塔刹。至于希腊古典柱头如 gonid order 等虽然偶见，其实只成装饰上偶然变化的点缀，并无影响可说。唯有印度的圆拱（外周作宝珠形的），还比较的重要，但亦只是建筑部分的形式而已。如中部第八洞门廊大柱底下的高 pedestal，本亦是西欧古典建筑的特征之一，既已传入中土，本可发达传布，影响及于中国柱础，孰知事实并不如是，隋唐以及后代柱础，均保守石质覆盆等扁圆形式，虽然偶有稍高的筒形，亦未见多用于后世。后来中国的种种基座，则恐全是由台基及须弥座演化出来的，与此种 pedestal 并无多少关系。

　　在结构原则上，云冈石刻中的中国建筑，确是明显表示其应用构架原则的。构架上主要部分，如支柱、阑额、斗栱、椽、瓦、檐、脊等，一一均应用如后代；其形式且均为后代同样部分的初型无疑。所以可以证明，在结构根本原则及形式上，中国建筑二千年来保持其独立性，不曾被外来影响所动摇。所谓受印度、希腊影响者，实仅限于装饰雕刻两方面的。

图 8-4　1933 年，林徽因于山西大同云冈石窟

　　佛像雕刻，本不是本篇注意所在，故亦不曾详细做比较研究而讨论之。但可就其最浅见的趣味派别及刀法，略为提到。佛像的容貌衣褶，在云冈一区中，有三种最明显的派别。

　　第一种是带着浓重的中印度色彩的，比较呆板僵定，刻法呈示在模仿方面的努力。佳者虽勇毅有劲，但缺乏任何韵趣；弱者则颇多伧丑。引人兴趣者，单是其古远的年代，而不是美术的本身。

第二种佛容修长，衣褶质实而流畅。弱者质朴庄严；佳者含笑超尘，美有余韵，气魄纯厚，精神栩栩，感人以超人的定，超神的动；艺术之最高成绩，荟萃于一痕一纹之间，任何刀削雕琢，平畅流丽，全不带烟火气。这种创造，纯为汉族本其固有美感趣味，在宗教艺术方面的发展。其精神与汉刻密切关联，与中印度佛像，反疏隔不同旨趣。

飞仙雕刻亦如佛像，有上面所述两大派别；一为模仿，以印度像为模型；一为创造，综合模仿所得经验，与汉族固有趣味及审美倾向，做新的尝试。

这两种时期距离并不甚远，可见汉族艺术家并未奴隶于模仿，而印度犍陀罗刻像雕纹的影响，只做了汉族艺术家发挥天才的引火线。

云冈佛像还有一种，只是东部第三洞三巨像一例。这种佛像雕刻艺术，在精神方面乃大大退步，在技艺方面则加增谙熟繁巧，讲求柔和的曲线，圆滑的表面。这倾向是时代的，还是主刻者个人的，却难断定了。

装饰花纹在云冈所见，中外杂陈，但是外来者，数量超过原有者甚多。观察后代中国所熟见的装饰花纹，则此种外来的影响势力范围极广。殷、周、秦、汉金石上的花纹，始终不能与之抗衡。

云冈石窟乃西域印度佛教艺术大规模侵入中国的实证。但观其结果，在建筑上并未动摇中国基本结构。在雕刻上只强烈地触动了中国雕刻艺术的新创造——其精神、气魄、格调，根本保持着中国固有的。而最后却在装饰花纹上输给中国以大量的新题材、新变化、新刻法，散布流传直至今日，的确是个值得注意的现象。

附

龙门石窟

在研习中国雕塑者心目中，洛阳南面十英里 [①] 的龙门石窟当与云冈石窟同等重要。当北魏鲜卑族从大同迁都至此时，造像艺术亦随之而来。伊河两岸连绵的石灰石崖壁为雕刻作品之上佳基址。造像活动始于495年，持续时间逾二百五十年而不止。

早期石窟造像具有和云冈相似的古雅感觉——主要形式为圆雕。雕像的表情异常静谧而迷人。近年来，这些雕像遭到古董商的恶意毁坏，最杰出的作品流落到了欧美的博物馆中。

龙门最不朽的雕像群成于武后时，即676年开凿卢舍那龛。据一处铭文记载，皇后陛下颁旨所有宫人捐献"脂粉钱"为基金，雕刻八十英尺高的坐佛、胁侍尊者、菩萨及金刚神王。群像原覆以面阔九楹的木构寺阁，惜早已不存。但崖上龛壁处尚有卯孔和凹槽历历在目，明确指示出屋顶刻槽的位置和许多梁楣的位置。（图8-5）

与云冈不同，逾百龛壁上铭文无数，记录了功德主的名字与捐献日期，便于确认大多数雕像的年代。然而，从建筑考古的角度来看，龙门石窟的重要性远逊于云冈石窟。

除龙门石窟以外，河南境内尚有其他早期石窟，较大者有磁县、浚县及巩县各处。作为组群，其规模与重要性都不如龙门石窟和云冈石窟。

---

① 1英里约为1.6千米。——编者注

图 8-5　1936 年 5 月，梁思成、林徽因考察河南洛阳龙门石窟

附

天龙山石窟

　　山西首府太原西北四十英里许，有天龙山石窟，它为研究北齐与北魏的建筑提供了许多珍贵资料。云冈石窟和龙门石窟开凿于岸边崖壁，而天龙山石窟则高踞于群山之上的旱地。这里的组群相对较小，统共仅约二十窟。最大的佛像高约三十英尺^①，与云冈或龙门的巨像相比，简直像是侏儒。其他诸窟的塑像多为真人尺寸。它们代表着中国雕塑史上造诣高超的一段时期。不幸的是，除最大的一尊而外，几乎所有塑像都被无情地凿下，流落于古董商手中。失窃的残片现在散见于世界各地的博物馆里。其中一些在纽约的温思罗普藏品中为人称羡，另外若干照例落入了某些日本私人收藏家之手。

　　这些石窟在建筑意义上极其重要。其中一些前有柱廊，极为忠实地模仿当时的木构建筑。尽管只有立面，我们从中不仅大致认识到了总体组合的思路，甚至于还认识到了具体的比例和细部的阴影。

---

①　1 英尺约为 0.3 米。——编者注

第9讲
敦煌壁画中的中国古建筑

一、我们所已经知道的中国建筑的主要特征

至迟在公元前一千四五百年，中国建筑已肯定地形成了它的独特的系统。在个别建筑物的结构上，它是由三个主要部分组成的，即台基、屋身和屋顶。台基多用砖石砌成，但亦偶用木构。屋身立在台基之上，先立木柱，柱上安置梁和枋以承屋顶。屋顶多覆以瓦，但最初是用茅茸的。在较大较重要的建筑物中，柱与梁相交接处多用斗栱为过渡部分。屋身的立柱及梁枋构成房屋的骨架，承托上面的重量；柱与柱之间，可按需要条件，或砌墙壁，或装门窗，或完全开敞（如凉亭），灵活地分配。

至于一所住宅、官署、宫殿或寺院，都是由若干座个别的主要建筑物，如殿堂、厅舍、楼阁等，配合上附属建筑物，如厢耳、廊庑、院门、围墙等，周绕联系，中留空地为庭院，或若干相连的庭院。

这种庭院最初的形成无疑地是以保卫为主要目的的。这同一目的的表现由一所住宅贯彻到一整个城邑。随着政治组织的发展，在城邑之内，统

治阶级能用军队或"警察"的武力镇压人民，实行所谓"法治"，于是在城邑之内，庭院的防御性逐渐减少，只借以隔别内外，区划公私（敦煌壁画为这发展的步骤提供了演变中的例证）。

例如汉代的未央宫、建章宫等，本身就是一个城，内分若干庭院；至宋以后，"宫"已缩小，相当于小组的庭院，位于皇宫之内，本身不必再有自己的防御设备了。北京的紫禁城，内分若干的"宫"，就是宋以后宫内有宫的一个沿革例子。

在其他古代文化中，也都曾有过防御性的庭院，如在埃及、巴比伦、希腊、罗马就都有过。但在中国，我们掌握了庭院部署的优点，扬弃了它的防御性的部署，而保留它的美丽廊庑内心的宁静，能供给居住者庭内"户外生活"的特长，保存利用至今。

数千年来，中国建筑的平面部署，除去少数因情形特殊而产生的例外外，莫不这样以若干座木构骨架的建筑物联系而成庭院。这个中国建筑的最基本特征同样地应用于宗教建筑和非宗教建筑。我们由于敦煌壁画得见佛教初期时情形，可以确说宗教的和非宗教的建筑在中国自始就没有根本的区别。究其所以，大概有两个主要原因。

第一是因为功用使然。佛教不像基督教或回教，很少有经常数十、百人集体祈祷或听讲的仪式。佛教是供养佛像的，是佛的"住宅"，这与古希腊、罗马的神庙相似。

其次是因为最初的佛寺是由官署或住宅改建的。汉朝的官署多称"寺"。传说佛教初入中国后第一所佛寺是白马寺，因西域白马驮经来，初止鸿胪寺，遂将官署的鸿胪寺改名而成白马寺。以后为佛教用的建筑都称寺，就是袭用了汉代官署之名。《洛阳伽蓝记》记载：建中寺"本是阉官司空刘腾宅。……以前厅为佛殿，后堂为讲室"；"愿会寺，中书舍人王翊舍宅所立也"等舍宅建寺的记载，不胜枚举。佛寺、官署与住宅的建筑，在佛教初入时基本上没有区别，可以互相通用；一直到今天，大致仍然如此。

二、几件关于魏唐木构建筑形象的重要参考资料

我们对于唐末五代以上木构建筑形象方面的知识是异常贫乏的。最古的图像只有春秋铜器上极少见的一些图画。到了汉代，亦仅赖现存不多的石阙、石室和出土的明器、漆器。晋、魏、齐、隋，主要是云冈、天龙山、南北响堂山诸石窟的窟檐和浮雕，和朝鲜汉江流域的几处陵墓，如所谓"天王地神冢""双楹冢"等。到了唐代，砖塔虽渐多，但是如云冈、天龙山、响堂诸山的窟檐却没有了，所赖主要史料就是敦煌壁画。壁画之外，仅有一座 857 年的佛殿和少数散见的资料，可供参考，做比较研究之用。

敦煌壁画中，建筑是最常见的题材之一种，因建筑物最常用作变相和各种故事画的背景。在中唐以后最典型的净土变中，背景多由辉煌华丽的楼阁亭台组成。在较早的壁画，如魏隋诸窟狭长横幅的故事画，以及中唐以后净土变两旁的小方格里的故事画中，所画建筑较为简单，但大多是描画当时生活与建筑的关系的，供给我们另一方面可贵的资料。

与敦煌这类较简单的建筑可做比较的最好的一例是美国波士顿美术馆藏物，洛阳出土的北魏宁懋墓石室。按宁懋墓志，这石室是 529 年所建。在石室的四面墙上，都刻出木构架的形状，上有筒瓦屋顶；墙面内外都有阴刻的"壁画"，亦有同样式的房屋。檐下有显著的人字形斗栱。这些特征都与敦煌壁画所见简单建筑物极为相似。

属于盛唐时代的一件罕贵参考资料是西安慈恩寺大雁塔西面门楣石上阴刻的佛殿图。（图 9-1）图中柱、枋、斗栱、台基、椽檐、屋瓦，以及两侧的回廊，都用极精确的线条画出。大雁塔建于唐武则天长安年间（701—704 年），以门楣石在工程上难以移动的位置和图中所画佛殿的样式来推测（与后代建筑和日本奈良时代的实物相比较），门楣石当是八世纪初原物。由这幅图中，我们可以得到比敦煌大多数变相图又早约二百年的比较研究资料。

A TEMPLE HALL OF THE T'ANG DYNASTY

AFTER A RUBBING OF THE ENGRAVING ON THE TYMPANIUM OVER THE WEST
GATEWAY OF TA-YEN T'A, TZ'U-EN SSŬ, SI-AN, SHENSI

唐代佛殿圖　摹自陝西長安大雁塔西門門楣石画像

图 9-1　陕西西安大雁塔门楣石刻

唐末木构实物，我们所知只有一处。1937 年 6 月，中国营造学社的一个调查队，是以第六一窟的"五台山图"（图 9-2）作为"旅行指南"，在南台外豆村附近"发现"了至今仍是国内已知的唯一的唐朝木建筑——佛光寺（图签称"大佛光之寺"）的正殿。在那里，我们不惟找到了一座唐代木构，而且殿内还有唐代的塑像、壁画和题字。唐代的书、画、塑、建，四种艺术，荟萃一殿，据作者所知，至今还是仅此一例。当时我们研究佛光寺，敦煌壁画是我们比较对照的主要资料；现在反过来以敦煌为主题，则佛光寺正殿又是我们不可缺少的对照资料了。

　　在"发现"佛光寺唐代佛殿以前，我们对于唐代及以前木构建筑在形象方面的认识，除去日本现存几处飞鸟时代（552—645 年）、奈良时代（645—784 年）、平安前期（784—950 年）模仿隋唐式的建筑外，唯一的资料就是敦煌壁画。

　　自从国内佛光寺佛殿之"发现"，我们才确实地得到了一个唐末罕贵的实例；但是因为它只是一座屹立在后世改变了的建筑环境中孤独的佛殿，它虽使我们看见了唐代大木结构和细节处理的手法；而要了解唐代建筑形象的全貌，还得依赖敦煌壁画所供给的丰富资料。更因为佛光寺正殿建于 857 年，与敦煌最大多数的净土变相属于同一时代。我们把它与壁画中所描画的建筑对照可以知道画中建筑物是忠实描写，才得以证明壁画中资料之重要和可靠的程度。

　　四川大足县北崖佛湾 895 年顷的唐末阿弥陀净土变摩崖大龛以及乐山、夹江等县千佛崖所见许多较小的净土变摩崖龛也是与敦煌壁画及其建筑可做比较研究的宝贵资料。在这些龛中，我们看见了与敦煌壁画变相图完全相同的布局。在佛像背后，都表现出殿阁廊庑的背景，前面则有层层栏杆。这种石刻上"立体化"的壁画，因为表现了同一题材的立体，便可做研究敦煌壁画中建筑物的极好参考。

图 9-2 甘肃敦煌莫高窟第六一窟五台山图局部之大佛光寺（五
代），梁思成以此作为"旅行指南"，"发现"了至今仍是
国内已知的唯一的唐朝木建筑——佛光寺

三、文献中的唐代建筑类型

其次可供参考的资料是古籍中的记载。从资料比较丰富的，如张彦远《历代名画记》、段成式《酉阳杂俎·寺塔记》、韩若虚《图画见闻志》等书中，我们也可以得到许多关于唐代佛寺和壁画与建筑关系的资料。由这三部书中，我们可以找到的建筑类型颇多，如院、殿、堂、塔、阁、楼、中三门、廊等。这些类型的建筑的形象，由敦煌壁画中可以清楚地看见。我们也得以知道，这一切的建筑物都可以有，而且大多有壁画。画的位置，不唯在墙壁上，简直是无处不可以画，题材也非常广泛。如门外两边、殿内、廊下、殿窗间、塔内、门扇上、叉手下、柱上、檐额，乃至障日版、勾栏，都可以画。题材则有佛、菩萨，各种的净土变、本行变、神鬼、山水、水族、孔雀、龙、凤，辟邪，乃至如尉迟乙僧在长安奉恩寺所画的"本国（于阗）王及诸亲族次"，洛阳昭成寺杨廷光所画的"西域图记"等。由此得知，在古代建筑中，不唯普遍地饰以壁画，而且壁画的位置和题材都是没有限制的。

上述各项形象的和文字的资料，都是我们研究敦煌壁画中，所描画的建筑，和若干窟外残存的窟檐的重要旁证。

此外无数辽、宋、金、元的建筑和宋《营造法式》一书都是我们所要用作比较的后代资料。

四、敦煌唐代佛龛、敦煌壁画中所见的建筑类型 和建造情形

前面三节所提到的都是在敦煌以外我们对于中国建筑传统所能得到的知识，现在让我们集中注意到敦煌所能供给我们的资料上，看看我们可以得到的认识有一些什么，它们又都有怎样的价值。

从敦煌壁画中所见的建筑图中，在庭院之部署方面，建筑类型方面，和建造情形方面，可得如下的各种：

院的部署　中国建筑的特征不仅在个别建筑物的结构和样式，同等重要的特征也在它的平面配置。上文已说过，以若干建筑物周绕而成庭院是中国建筑的特征，即中国建筑平面配置的特征。这种庭院大多有一道中轴线（大多南北向）。主要建筑安置在此线上，左右以次要建筑物对称均齐的配置。直至今日，中国的建筑，大至北京明清故宫，乃至整个的北京城；小至一所住宅，都还保持着这特征。

敦煌第六一窟左方第四画上部所画大伽蓝，共三院；中央一院较大，左右各一院较小，每院各有自己的院墙围护。第一四六窟和第二〇五窟也有相似的画，虽然也是三院，但不个别自立四面围墙，而在中央大院两旁各附加三面围墙而成两个附属的庭院。

位置在这类庭院中央的是主要的殿堂。庭院四周绕以回廊；廊的外柱间为墙堵，所以回廊同时又是院的外墙。在正面外墙的正中是一层、二层的门或门楼，一间或三间。正殿之后也有类似门或后殿一类的建筑物，与前面门相称。正殿前左右回廊之中，有时亦有左右两门，亦多作两层楼。外墙的四角多有两层的角楼。一般的庭院四角建楼的布置，至少在形式上还保存着古代防御性的遗风。但这种部署在宋、元以后已甚少，仅曲阜孔庙和沈阳北陵尚保存此式。

第六一窟"五台山图"有伽蓝约六十处，绝大多数都是同样的配置；其中"南台之顶"，正殿之前，左有三重塔，右有重楼，与日本奈良的法隆寺（七世纪）的平面配置极相似，日本的建筑史家认为这种配置是南朝的特征，非北方所有，我们在此有了强有力的反证，证明这种配置在北方也同样的使用。

至于平民住宅平面的配置，在许多变相图两侧的小画幅中可以窥见。其中所表现的虽然多是宫殿或住宅的片段，一角或一部分，院内往往画住者的日常生活，其配置基本上与佛寺院落的分配大略相似。

在各种变相图中，中央部分所画的建筑背景也是正殿居中，其后多有后殿，两侧有廊，廊又折而向前，左右有重层的楼阁，就是上述各庭院的内部景象。这种布局的画，计在数百幅以上，应是当时宫殿或佛寺最通常的配置，所以有如此普遍的表现。

在印度阿占陀窟寺壁画中所见布局，多以尘世生活为主，而在背景中高处有佛陀或菩萨出现，与敦煌以佛像堂皇中坐者相反。汉画像石中很多以西王母居中，坐在楼阁之内，左右双阙对峙，乃至夹以树木的画面，与敦煌净土变相基本上是同样的布局，使我们不能不想到敦煌壁画的净土原来还是王母瑶池的嫡系子孙。其实它们都只是人间宏丽的宫殿的缩影而已。

五、敦煌壁画中的唐代建筑

个别建筑物的类型　如殿堂、层楼、角楼、门、阙、廊、塔、台、墙、城墙、桥等。

（一）**殿堂**　佛殿、正殿、厅堂都归这类。殿堂是围墙以内主要或次要的建筑物。平面多作长方形，较长的一面多半是三间或五间。变相图中央主要的殿堂多数不画墙壁。偶有画墙的，则墙只在左右两端，而在中间前面当心间开门，次间开窗，与现在一般的办法相似。在旁边次要的图中所画较小的房舍，墙的使用则较多见。魏隋诸窟所见殿堂房舍，无论在结构上或形式上，都与洛阳宁懋石室极相似。

（二）**层楼**　汉画像石和出土的汉明器已使我们知道中国多层楼屋源始之古远。敦煌壁画中，层楼已成了典型的建筑物。无论正殿、配殿、中三门，乃至回廊、角楼都有两层乃至三层的。层楼的每层都是由中国建筑的基本三部分——台基、屋身、屋顶——垒叠而成的：上层的台基采取了"平坐"的形式，除最上一层的屋顶外，各层的屋顶都采取了"腰檐"的形式；每层平坐的周围都绕以栏杆。城门上也有层楼，以城门为基，其上层与层楼的上层完全相同。

壁画中最特别的重楼是第六一窟右壁如来净土变佛像背后的八角二层楼。楼的台基平面和屋檐平面都由许多弧线构成。所有的柱、枋、屋脊、檐口等无不是曲线。整座建筑物中，除去栏杆的望柱和蜀柱外，仿佛没有一条直线。屋角翘起，与敦煌所有的建筑不同。屋檐之下似用幔帐张护。这座奇特的建筑物可能是用中国的传统木构架，求其取得印度窣堵坡的形式。这个奇异的结构，一方面可以表示古代匠师对于传统坚决的自信心，大胆地运用无穷的智巧来处理新问题，一方面也可以看出中国传统木构架的高度适应性。这种建筑结构因其通常不被采用，可以证明它只是一种尝试。效果并不令人满意。

（三）**角楼**　在庭院围墙的四角和城墙的四角都有角楼。庭院的角楼与一般的层楼形制完全相同。城墙的角楼以城墙为基，上层与层楼的上层完全一样。

（四）**大门**　壁画中建筑的大门，即《历代名画记》所称中三门、三门，或大三门，与今日中国建筑中的大门一样，占着同样的位置，而成一座主要的建筑物。大门的平面也是长方形，面宽一至三间，在纵中线的柱间安设门扇。大门也有砖石的台基，有石阶或斜道可以升降，有些且绕以栏杆。大门也有两层的，由《历代名画记》"兴唐寺三门楼下吴（道子）画神"一类的记载和日本奈良法隆寺中门实物可以证明。

（五）**阙**　在敦煌北魏诸窟中，阙是常见的画题，如二五四窟，主要建筑之旁，有状似阙的建筑物，二五四窟壁上有阙形的壁龛。阙身之旁，还有子阙。两阙之间，架有屋檐。阙是汉代宫殿、庙宇、陵墓前路旁分立的成对建筑物，是汉画像石中所常见。实物则有山东、四川、西康十余处汉墓和崖墓摩崖存在。但两阙之间没有屋檐，合乎"阙者阙也"之义。与敦煌所见略异。

到了隋唐以后，阙的原有类型已不复见于中国建筑中。在南京齐梁诸陵中，阙的位置让给了神道石柱，后来可能化身为华表，如天安门前所见；它已由建筑物变为建筑性的雕刻品。它另一方向之发展，就成为后世的牌楼。敦煌所见是很好的一个过渡样式的例证。而在壁画中可以看出，阙在北魏的领域内还是常见的类型。

（六）廊　廊在中国建筑群之组成中几乎是不可缺少的构成单位。它的位置与结构，充足的光线使它成为最理想的"画廊"，因此无数名师都在廊上画壁，提高了廊在建筑群中的地位。由建筑的观点看，廊是狭长的联系性建筑，也用木构架，上面覆以屋顶；向外的一面，柱与柱之间做墙，间亦开窗；向里一面则完全开敞着。廊多沿着建筑群的最外围的里面，由一座主要建筑物到另一座建筑物之间联系着周绕一圈，所以廊的外墙往往就是建筑群的外墙。它是雨雪天的交通道。在举行隆重仪式时，它也是最理想的排列仪仗侍卫的地方。后来许多寺庙在庙会节日时，它又是摊贩市场，如宋代汴梁（开封）的大相国寺便是。

（七）塔　古代建筑实物中，现存最多的是佛塔。它是古建筑研究中材料最丰富的类型。塔的观念虽然是纯粹由印度输入的，但在中国建筑中，它却是一个在中国原有的基础上，结合外来因素，适合存在条件而创造出来的民族形式建筑的最卓越的实例。（图9-3）

（八）台　壁画中有一种高耸的建筑类型，下部或以砖石包砌成极高的台基，如一座孤立的城楼；或在普通台基上，立木柱为高基，上作平坐，平坐上建殿堂。因未能确定它的名称，姑暂称之曰台。按壁画所见重楼，下层柱上都有檐，檐瓦以上再安平坐。但这一类型的台，则下层柱上无檐，而直接安设平坐，周有栏杆，因而使人推测，台下不作居住之用。美国华盛顿付理尔美术馆所藏赃物，从平原省磁县[①]南响堂山石窟盗去的隋代石刻（图9-4），有与此同样的木平坐台。

由古籍中得知，台是中国古代极通常的建筑类型，但后世已少见。由敦煌壁画中这种常见的类型推测，古代的台也许就是这样，或者其中一种是这样的。至如北京的团城，河北安平县圣姑庙（1309年），都在高台上建

---

① 磁县原属平原省，1952年平原省建制撤销，磁县划归河北省。——编者注

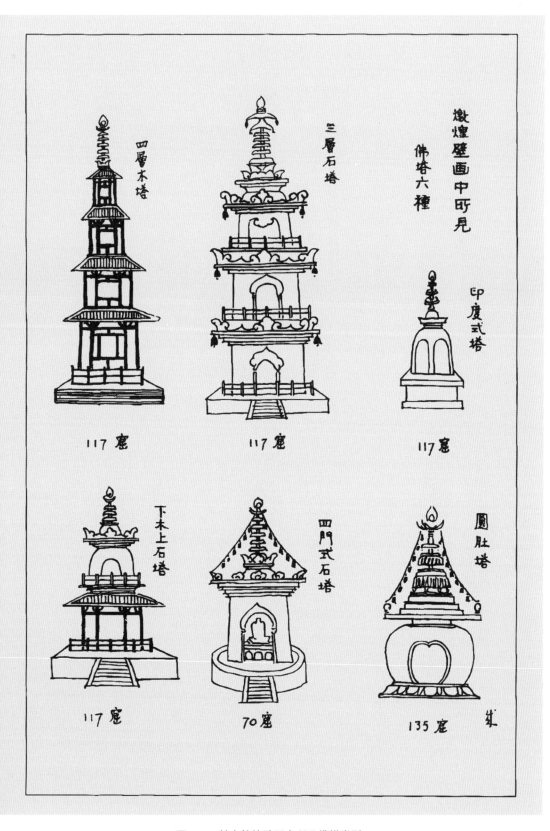

四層木塔

三層石塔

敦煌壁畫中所見
佛塔六種

印度式塔

117窟

117窟

117窟

下木上石塔

四門式塔

圓肚塔

117窟

70窟

135窟　崇

图 9-3　甘肃敦煌壁画中所见佛塔类型

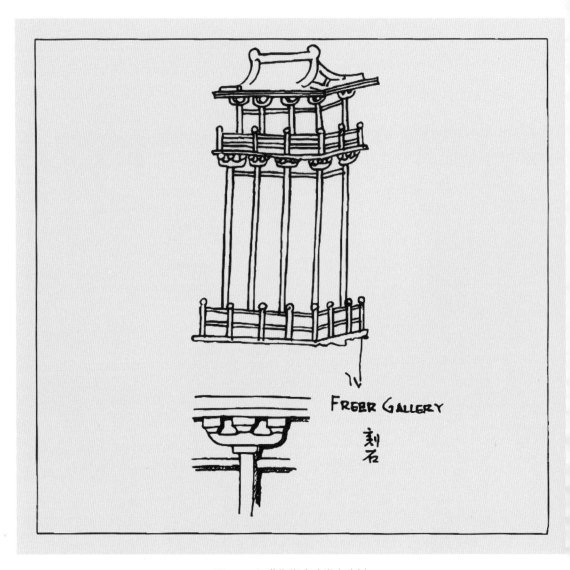

FREER GALLERY

刻石

图 9-4　河北邯郸南响堂山隋刻

立成组的建筑群，也许也是台之另一种。

（九）**围墙**　上文已叙述过回廊是兼作围墙之用的，多因廊柱木构架而
造墙，壁画中也有砖砌的围墙，但较少见。若干住宅前，用木栅做围墙的
也见于壁画中。

（十）**城**　中国古代的城邑虽至明代才普遍用砖包砌城墙，但由敦煌壁
画中认识，用砖包砌的城在唐以前已有。壁画中所见的城很多，多是方形，
在两面或正中有城门楼。壁画中所画建筑物，比例大多忠实，唯有城墙，

图 9-5 甘肃敦煌第一九七窟城垣

显然有特别强调高度的倾向，以至城门极为高狭。楼基内外都比城墙略厚，下大上小，收分显著。楼基上安平坐斗栱，上建楼身。楼身大多广五间，深三间。平坐周围有栏杆围绕。柱上檐下都有斗栱，屋顶多用歇山（即九脊）顶。城门洞狭而高，不发券而成梯形。不久以前拆毁的泰安岱庙金代大门尚作此式。城门亦有不作梯形，亦不发券，而用木过梁的。梁分上下二层，两层之间用斗栱一朵，如四川彭山县许多汉崖墓门上所见。（图9-5）

至于城门门扇上的门钉、铺首、角叶都与今天所用者相同。城墙上亦多有腰墙和垛口。至如后世常见的瓮城和敌台，则不见于壁画中。

角楼是壁画中所画每一座城角所必有。壁画中寺院的围墙都必有角楼，城墙更必如此。由此可见，在平面配置上，由一个院落以至一座城邑，基本原则是一样而且一贯的。这还显示着古代防御性的遗制。现存明清墙角楼，平面多作曲尺形，随着城墙转角。敦煌壁画所见则比较简单，结构与上文所述城门楼相同而比城门楼略为矮小。

壁画中最奇特的一座城是第二一七窟所见。（图9-6）这座城显然是西域景色。城门和城内的房屋显然都是发券构成的，由各城门和城内房屋的

图9-6　甘肃敦煌第二一七窟所画西域城

图 9-7　甘肃敦煌第六一窟桥

半圆形顶以及房屋两面的券门可以看出。

（十一）**桥**　壁画中多处发现，全是木造，桥面微微拱起，两旁护以栏杆。这种桥在日本今日仍极常见。（图 9-7）

第 10 讲

中国的塔

　　现在说到砖石建筑物，这里面最主要的是塔。也许同志们就要这样想了："你谈了半天，总是谈些封建和迷信的东西。"但是事实上在一个阶级社会里，一切艺术和技术主要都是为统治阶级服务的。过去的社会既是封建和迷信的社会，当时的建筑物当然是为封建和迷信服务的；因此，中国的建筑遗产中，最豪华的、最庄严美丽的、最智慧的创造，总是宫殿和庙宇。欧洲建筑遗产的精华也全是些宫殿和教堂。

　　在一个城市中，宫殿的美是可望而不可即的，而庙宇寺院的美，人民大众都可以欣赏和享受。在寺院建筑中，佛塔是给人民群众以深刻的印象的。它是多层的高耸云霄的建筑物，全城的人在遥远的地方就可以看见它。它是最能引起人们对家乡和祖国的情感的。佛教进入中国以后，这种新的建筑形式在中国固有的建筑形式的基础上产生而且发展了。

　　在佛教未到中国以前，我们的国土上已经有过一种高耸的多层建筑物，就是汉代的"重楼"。秦汉的封建主常常有追求长生不老和会见神仙的思想；幻想仙人总在云雾缥缈的高处，有"仙人好楼居"的说法，因此建造高楼，企图引诱仙人下降。佛教初来的时候，带来了印度"窣堵坡"的概念和形象（图 10-1）——一个座上覆放着半圆形的塔身，上立一根"刹"杆，穿着几层"金盘"。后来这个名称首先失去了"窣"字，"堵坡"变成"塔婆"，最后省去"婆"字而简称为"塔"。中国后代的塔，就是在重楼的顶上安上一个"窣堵坡"而形成的。

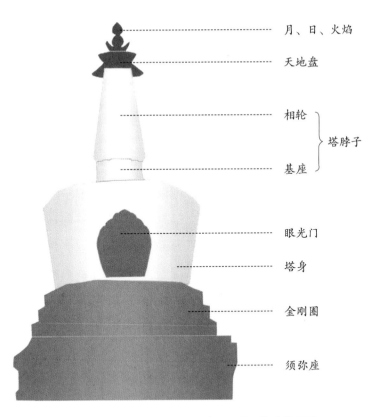

月、日、火焰

天地盘

相轮 ⎫
　　　 ⎬ 塔脖子
基座 ⎭

眼光门

塔身

金刚圈

须弥座

图 10-1　与印度窣堵坡造型基本相同的覆钵式塔造型

一、单层塔

云冈的浮雕中有许多方形单层的塔，可能就是中国形式的"窣堵坡"：半圆形的塔身改用了单层方形出檐，上起方锥形或半圆球形屋顶的形状。山东济南东魏所建的神通寺的"四门塔"就是这类"单层塔"的优秀典型。（图10-2至图10-4）四门塔建于544年，是中国现存的第二古塔，也是最古的石塔。这时期的佛塔最通常的是木构重楼式的，今天已没有存在的了。但是云冈石窟壁上有不少浮雕的这种类型的塔，在日本还有飞鸟时代（中国隋朝）的同型实物存在。

中国传统的方形平面与印度窣堵坡的圆形平面是有距离的。中国木结构的形式又是难以做成圆形平面的。所以唐代的匠师就创造性地采用了介乎正方与圆形之间的八角形平面。单层八角的木塔见于敦煌壁画，日本也有实物存在。河南省嵩山会善寺的净藏禅师墓塔是这种仿木结构八角砖塔的重要遗物。（图10-5、图10-6）净藏禅师墓塔是一座不大的单层八角砖塔，745年（唐玄宗时）建。这座塔上更忠实地砌出木结构的形象，因此就更亲切地充满中国建筑的气息。

在中国建筑史中，净藏禅师墓塔是最早的一座八角塔。在它出现以前，除去一座十二角形和一座六角形的两个孤例之外，所有的塔都是正方形的。在它出现以后约二百年，八角形便成为佛塔最常见的平面形式。所以它的出现在中国建筑史中标志着一个重要的转变。此外，它也是第一个用须弥座做台基的塔。它的"人"字形的补间斗栱（两个柱头上的斗栱之间的斗栱），则是现存建筑中这种构件的唯一实例。

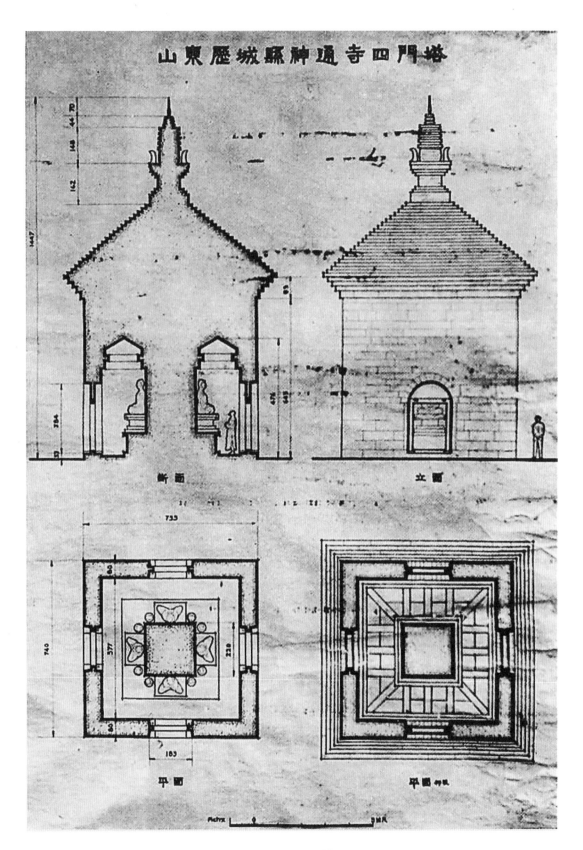

断面　　　　　　　立面

平面　　　　　　　平面(仰视)

图 10-2　山东历城神通寺四门塔平、断、立面图

图 10-3　山东历城神通寺四门塔

图 10-4　1936 年，林徽因在山东历城神通寺墓塔

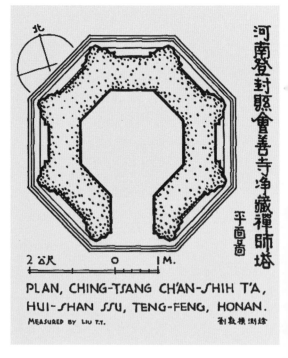

图 10-5　河南登封会善寺净藏禅师塔平面图

图 10-6　河南登封会善寺净藏禅师塔

二、重楼式塔

初期的单层塔全是方形的。这种单层塔几层重叠起来，向上逐层逐渐缩小，形象就比较接近中国原有的"重楼"了，所以可称之为"重楼式"的砖石塔。

西安大雁塔是唐代这类砖塔的典型。（图 10-7、图 10-8）它的平面是正方的，塔身一层层地上去，好像是许多单层方屋堆起来的，看起来很老实，是一种淳朴平稳的风格，同我们所熟识的时代较晚的窈窕秀丽的风格很不同。这塔有一个前身。玄奘从印度取经回来后，在长安慈恩寺从事翻译，译完之后，在 652 年盖了一座塔，作为他藏经的"图书馆"。我们可以推想，它的式样多少是仿印度建筑的，在那时是个新尝试。动工的时候，据说这位老和尚亲身背了一筐土，绕行基址一周行奠基礼；可是盖成以后

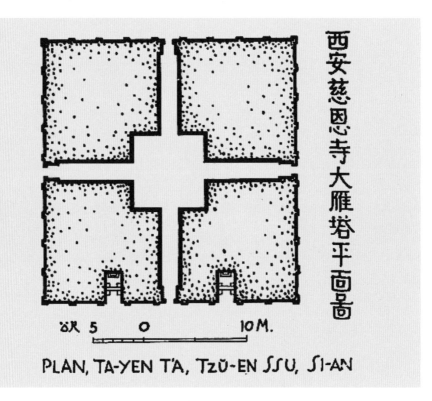

图 10-7　陕西西安慈恩寺大雁塔平面图

图 10-8　陕西西安慈恩寺大雁塔

不久，不晓得什么原因就坏了。701到704年间又修起这座塔，到现在有一千二百五十年了。

在塔各层的表面上，用很细致的手法把砖石处理成为木结构的样子。例如用砖砌出扁柱，柱身很细，柱头之间也砌出额枋，在柱头上用一个斗托住，但是上面却用一层层的砖逐层挑出（叫作"叠涩"），用以代替瓦檐。建筑史学家们很重视这座塔。自从佛法传入中国，建筑思想上也随着受了印度的影响。玄奘到印度取了经回来，把印度文化进一步介绍到中国，他盖了这座塔，为中国和印度古代文化交流树立了一座庄严的纪念物。从国际主义和文化交流历史方面看，它是个非常重要的建筑物。

属于这类型的另一例子，是西安兴教寺的玄奘塔。玄奘死了以后，就埋在这里；这塔是墓的标志。这塔的最下一层是光素的砖墙，上面有用砖刻出的比大雁塔上更复杂的斗栱，所谓"一斗三升"的斗栱。中间一部伸出如蚂蚱头。

资产阶级的建筑理论认为建筑的式样完全决定于材料，因此在钢筋水泥的时代，建筑的外形就必须是光秃秃的玻璃匣子式，任何装饰和民族风格都不必有。但是为什么我们古代的匠师偏要用砖石做成木结构的形状呢？因为几千年来，我们的祖先从木结构上已接受了这种特殊建筑构件的形式，承认了它们的应用在建筑上所产生的形象能表达一定的情感内容。他们接受了这种形式的现实，因为这种形式是人民所喜闻乐见的。因此当新的类型的建筑物创造出来时，他们认为创造性地沿用这种传统形式，使人民能够接受，易于理解，最能表达建筑物的庄严壮丽。

这座塔建于669年，是现存最古的一座用砖砌出木结构形式的建筑。它告诉我们，在那时候，智慧的劳动人民的创造方法是现实主义的，不脱离人民艺术传统的。这个方法也就是指导古代希腊由木构建筑转变到石造建筑时所取的途径。中国建筑转成石造时所取的也是这样的途径。我们祖国一方面始终保持着木构框架的主要地位，没有用砖石结构来代替它；同时在佛塔这一类型上，又创造性地发挥了这方法，以砖石而适当灵巧地采用了传统木结构的艺术塑形，取得了光辉成就。古代匠师在这方面给我们留下不少卓越的范例，正足以说明他们是怎样创造性运用遗产和传统的。

　　河北定县^①开元寺的料敌塔（图 10-9 至图 10-10）也属于"重楼式"的类型，平面是八角形的，轮廓线很柔和，墙面不砌出模仿木结构形式的柱枋等。这塔建于 1001 年。它是北宋砖塔中重楼式不仿木结构形式的最典型的例子。这种类型在华北各地很多。

河北定县开元寺塔剖面图

图 10-9　河北定州市开元寺塔剖面图

①　今河北定州市。——编者注

图 10-10　河北定州市开元寺塔

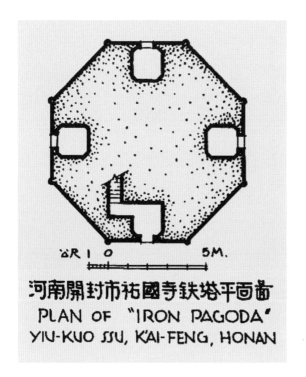

河南开封市祐國寺鐵塔平面圖
PLAN OF "IRON PAGODA"
YIU-KUO SSU, K'AI-FENG, HONAN

图 10-11　河南开封铁塔平面图

河南开封祐国寺的"铁塔"（图 10-11、图 5-4）建于 1044 年，也属于"重楼式"的类型。它之所以被称为"铁塔"是因为它的表面全部用"铁色琉璃"做面砖。我们所要特别注意的就是在宋朝初年初次出现了使用特制面砖的塔，如 977 年建造的开封南门外的繁塔（图 10-12）和这座"铁塔"。而"铁塔"所用的是琉璃砖，说明一种新材料之出现和应用。这是一个智慧的创造，重要的发明。它不仅显示材料、技术上具有重大意义的进步，而且因此使建筑物显得更加光彩，更加丰富了。

重楼式中另一类型是杭州灵隐寺的双石塔（图 10-13），它们是五代吴越王钱弘俶在 960 年扩建灵隐寺时建立的。在外表形式上它们是完全仿木结构的，处理手法非常细致，技术很高。实际上这两"塔"各高仅十公尺[①]左右，实心，用石雕成，应该更适当地叫它们作塔形的石幢。在这类型的塔出现以前，砖石塔的造型是比较局限于砖石材料的成规做法的。这塔的匠师大胆地用石料进一步忠实地表现了人民所喜爱的木结构形式，使佛塔

---

① 1公尺等于1米。——编者注

图 10-12 河南开封繁塔　　　　　　　　图 10-13 浙江杭州灵隐寺双石塔之一

图 10-14　河北涿州智度寺塔（南塔）

的造型更丰富起来了。

　　完全仿木结构形式的砖塔在北方的典型是河北省涿县^①的双塔。（图 10-14）两座塔都是砖石建筑物，其一建于 1090 年（辽道宗时）。在表面处理上则完全模仿山西省应县木塔的样式，只是出檐的深度因为受材料的限制，不能像木塔的檐那样伸出很远；檐下的斗栱则几乎同木构完全一样，但是挑出稍少，全塔就表现了砖石结构的形象，表示当时的砖石工匠怎样纯熟地掌握了技术。

_____

① 　今河北涿州。——编者注

三、密檐塔

另一类型是在较高的塔身上出层层的密檐，可以叫它作"密檐塔"。它的最早的实例是河南嵩山嵩岳寺塔（图10-15、图10-16）。这塔是520年（南北朝时期）建造的，是中国最古的佛塔。这塔一共有十五层，平面是十二角形，每角用砖砌出一根柱子。柱子采用印度的样式，柱头柱脚都用莲花装饰。整个塔的轮廓是抛物线形的。每层檐都是简单的"叠涩"，可是每层檐下的曲面也都是抛物线形的。这是我们中国古来就喜欢采用的曲线，是我国建筑中的优良传统。这塔不唯是中国现存最古的佛塔，而且在这塔以前，我们没有见过砖造的地上建筑，更没有见过约四十公尺高的砖石建筑。这座塔的出现标志着这时期在用砖技术上的突进。

和这塔同一类型的是北京城外天宁寺塔。（图10-17）它是1083年（辽）建造的。从层次安排的"韵律"看来，它与嵩岳寺塔几乎完全相同，但因平面是八角形的，而且塔身砌出柱枋，檐下用砖做成斗栱，塔座做成双层须弥座，所以它的造型的总效果就与嵩岳寺塔迥然异趣了。这类型的塔至十一世纪才出现，它无疑是受到南方仿木结构塔的影响而来的新创造。这种特殊形式的密檐塔，较早的都在河北省中部以北，以至东北各省。当时的契丹族的统治者因为自己缺少建筑匠师，所以"择良工于燕蓟"（汉族工匠）进行建造。这种塔形显然是汉族的工匠在那种情况之下，为了满足契丹族统治阶级的需求而创造出来的新类型。它是两个民族的智慧的结晶。这类型的塔丰富了中国建筑的类型。

属于密檐塔的另一实例是洛阳的白马寺塔（图10-18），是1175年（金）的建筑物。这塔的平面是正方形的；在整体比例上第一层塔身比较矮，而以上各层檐的密度较疏。塔身之下有高大的台基，与前面所谈的两座密檐塔都有不同的风格。在十二世纪后半，八角形已成为佛塔最常见的平面形式，隋、唐以前常见的正方形平面反成为稀有的形式了。

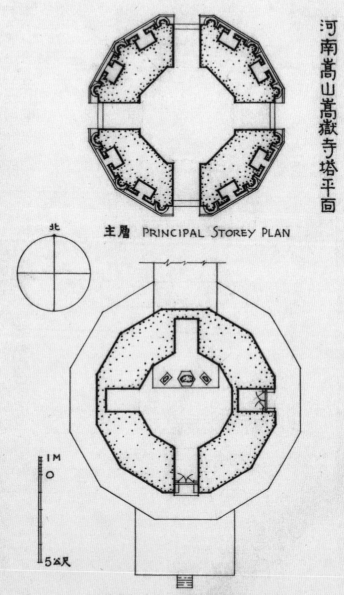

河南嵩山嵩嶽寺塔平面

北

主層 PRINCIPAL STOREY PLAN

1M
0

5公尺

基層 GROUND STOREY PLAN

PAGODA of SUNG-YÜEH SSU
SUNG MOUNTAINS · TENG-FENG · HONAN

劉敦楨測繪   MEASURED BY LIU, T.-T.

169-B

图 10-15 河南嵩山嵩岳寺塔平面图

图 10-16　河南嵩山嵩岳寺塔全景

图 10-17　北京天宁寺塔

图 10-18　河南洛阳白马寺塔

四、瓶形塔

另一类型的塔，是以元世祖忽必烈在 1271 年修成的北京妙应寺（白塔寺）的塔（图 10-19）为代表的"瓶形塔"。这是西藏的类型。元朝蒙古人把藏传佛教从西藏经由新疆带入了中原，同时也带来了这种类型的塔。这座塔是中国内地最古的藏传佛教塔，在修盖的当时是一个陌生的外来类型，但是它后来的子孙很多，如北京北海的白塔（图 10-20），就是一个较近的例子。这种塔下面是很大的须弥座，座上是覆钵形的"金刚圈"，再上是坛

图 10-19　北京妙应寺白塔

图 10-20　北京北海永安寺塔

子形的塔身，称为"塔肚子"，上面是称为"塔脖子"的须弥座，更上是圆锥形或近似圆柱形的"十三天"和它顶上的宝盖、宝珠等。这是西藏的类型，而是蒙古族介绍到中原地区来的，因此它是蒙、藏两族对中国建筑的贡献。

五、台座上的塔群

北京真觉寺（五塔寺）的金刚宝座塔是中国佛塔的又一类型。这类型是在一个很大的台座上立五座乃至七座塔，成为一个完整的塔群。真觉寺塔下面的金刚宝座很大，表面上共分为五层楼，下面还有一层须弥座。每层上面都用柱子做成佛龛。这塔形是从印度传入的。我们所知道最古的一例在云南昆明（图 10-21、图 10-22），但最精的代表作则应举出北京真觉寺塔。它是 1493 年（明代）建造的，比昆明的塔稍迟几年。北京西山碧云寺的金刚宝座塔（图 10-23）是清乾隆年间所建，座上共立七座塔，虽然在组成上丰富了一些，但在整体布置上和装饰上都不如真觉寺塔的朴实雄伟。

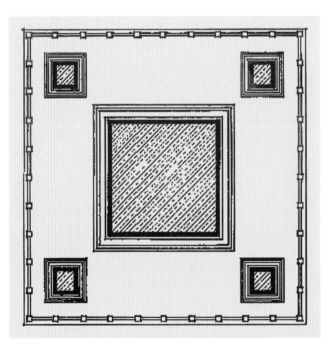

图 10-21　云南昆明妙湛寺金刚宝座塔平面图

图 10-22　云南昆明妙湛寺金刚宝座塔

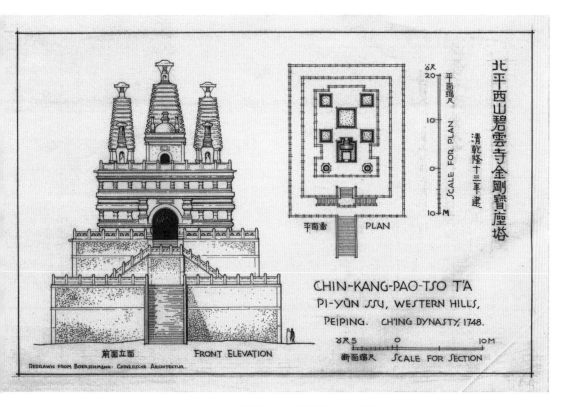

图 10-23　北京碧云寺金刚宝座塔平立面图

附

最古木塔山西应县木塔

应县去大同西五十英里许，靠近长城向内的延线处。这个小镇的盐碱地令它饱尝穷困之苦，镇上仅见几百家土坯房、十余株树木。值得它自夸的是，这里有中国现存的唯一木塔（图 10-24 至图 10-26）。

通汽车的大路距小镇最近处约二十五英里，旅客须从那里换乘骡车，忍受六个小时的颠簸。我到镇西五英里外时，正是落日时辰。前方几乎笔直的道路尽头，兀然间看见暗紫色天光下远远闪烁着的珍宝：红白相间的宝塔映照着金色的夕阳，掩映在远山之上。这座五层的宝塔从四周原野上拔地而起，高约二百英尺，天晴时分从二十英里外就能看见。

我进入城垣时天色已黑。塔身如黑色巨人般笼罩全镇，但顶层南侧犹见一丝光亮，自一片漆黑中透出一个亮点。后来我发现，那是"长明灯"，自九百年前日日夜夜地亮到如今。

宝塔建于 1056 年。平面作八角形，通身木构，将五个单层的中国建筑层层相叠为五层。首层重檐承以巨大的斗栱（图 10-27），类似蓟县观音阁的形式。其上四层均环有平座及出檐。各以斗栱支撑。每层四正面辟门，另外四面俱作板条抹灰墙，饰以尊者和菩萨的画像。

底层的八角形佛殿中央为释迦牟尼的巨型泥塑，而以上诸层各有不同的佛像，多有胁侍尊者及菩萨。

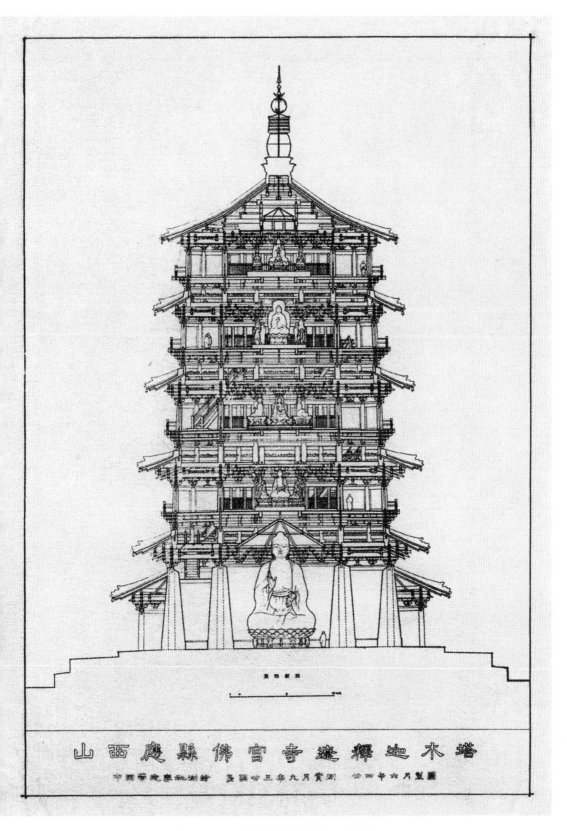

图 10-24 山西应县佛宫寺释迦木塔断面图

图 10-25　山西应县佛宫寺释迦木塔渲染图

木塔顶部结以一个精致的锻铁攒尖顶，以八条铁链系于顶层屋角。（图 10-28）一个晴朗的午后，我专心致志地在塔尖测量和拍摄，未曾注意头顶的云层迅速地合拢了。随即一声惊雷突然在身边爆响，我大吃一惊，险些在高出地面二百英尺的上空松开手中冰凉的铁链。我与此相仿的唯一历险是，没有依例听见空袭警报，日军的飞机在我家四周投下了几枚二百五十磅的炸弹，其中最近的一枚仅在二十英尺外。

　　这座木塔如此见宠于自然界，已经进入了千年轮回的最后一百年，但它现在也许正在日本人的手中挣扎着。1937 年秋，日军围困并占领了应县。

图 10-27　山西应县佛宫寺释迦木塔斗栱

图 10-26　山西应县佛宫寺释迦木塔外景

图 10-28　山西应县佛宫寺释迦木塔塔刹

附

最古的砖塔河南嵩山砖塔

河南省在中国向以"中原"闻名，几千年来，它是中国文明与文化的中心。得天下关键处即在中原，乃兵家必争之地。中国历史上，大多数重要战役都在这个著名的舞台上演。早在基督教兴起之前一个世纪，河南的重镇、历朝故都洛阳，就建起了中国的第一座寺庙。溯河上行至河南群山间，我们发现了一些最恢宏的佛教遗迹。

古老的嵩岳禅寺位于登封县（今登封市）的中岳嵩山里。殿宇之间，最不凡的宝塔卓然而立。它建于 523 年，是中国目前现存最古老的砖塔。

寺宇原为北魏孝明帝的夏季别墅，当时正是第一次兴佛时期。为孝明帝的母亲即皇太后禳病而建此塔。此后一千四百年里，它为她带来绵绵至福。凸肚形塔身外廓略如现代的炮弹壳形，既秀丽又雄浑。它的平面独特，呈十二角形，与当时常见的正方形平面、后世的八角形平面都不同。

塔身有十五层，也是一个罕见的特点。阶基之上，矗立着高耸的首层塔身，其上有十五层出檐或称屋檐。虽然人们把它看成是十五层，但是这样的屋顶设计也许叫作一层塔身、十五层出檐更加恰当。首层塔身各隅立多边形倚柱一根，柱头垂莲饰。四正面砌圆券门，其拱背形似莲瓣，在起拱线处以涡形图案收束。其余八面俱有佛龛，状如单层、四门、方形平面的四门塔。无疑龛内原有佛像，现早已荡然无存。建筑母题确切无误地显示出印度的影响。大塔的总体构图是日后中国普通佛塔外形之祖。

第11讲
店面——北平

　　本集图版完全是北平旧式的店面。由近代商业眼光看来，这种店面的图样，也许不尽合广告学原则，致使人对于它的招买力发生怀疑；然而这种古式图案中，的确有不少长处，不少有趣之点，值得现代建筑师们的注意和采取。

　　在中国营造学社所搜集的许多艺术品中，极少关于店铺建筑的资料。乾隆《内庭圆明园内工诸作现行则例》里，有圆明园拟定铺面房、装修、拍子、招牌、幌子各一册。关于铺面房各部分所需工限，虽然严密制定，对于建筑的方法，各件之大小，却完全没有提到。但由实物上研究的结果，我们知道铺面建筑的大木构架，一切均以清《工程做法则例》的"小式大木"为准绳，此外还有几种特征，约略分述如下：

　　（一）在平面布置上，店铺与他种建筑物，并没有很大的区别；其最可注意之点，乃在住宅或其他建筑临街一面辟大门一间（或多间），其临街余房均甃以砖墙；而店铺则在这一面开敞，既不用大门，铺面房同时也是出入的孔道。

　　（二）店铺临街一面，多添出平顶房，称为"拍子"；（其房顶泛水，则向后泄泻；这是防止雨天雨溜由檐滴下，妨碍顾客的出入）；房顶既是平的，檐前便有挂檐板（亦称华版），版面可雕许多有趣的图案。但规模较小的店铺，则如住宅一样，使滴水瓦檐向前，并无拍子的增设。

（三）店面装修——即门、窗、槅扇等——与住宅宫殿或其他建筑显然不同。普通建筑的装修，以御风雨，分内外，为主要功用，所以用槛窗风门之属，以求舒适。店铺装修虽亦须具上述功用，但同时尤须便利出入，以广招徕，所以通常所见，多用住宅内檐所用的槅扇，置之外檐柱间。这种槅扇比较玲珑轻巧，输入光线既多，出入亦便，既分内外，但必需时，又可完全脱下，成为一个开敞的局面。故装修之用，在店铺与住宅及其他建筑上，有很大的区别。

在外表样式上，北平的店面约略可分作下列数种：

一、牌楼式

铺面前面立起高大的牌楼，在北平是一种常见的图案，为铺面建筑中之铺张最甚者。这种牌楼，竟可说是一个大幌子，完全属于装饰性质，与店铺本身无直接关系。（图11-1）

牌楼的间数，多随铺面的间数，虽也偶有铺面三间而牌楼只一间的。牌楼柱多是圆木柱，立在铺房檐柱之前，往往用铁条钉在檐柱上。柱的下段，不似通常过街牌楼，不用夹杆石扶着；柱脚却有圆形古镜。为坚固计，这些柱脚有许多埋入地中甚深。柱的上端却高高伸出楼檐以上；头上安云罐或宝珠一类的装饰。

各间楼檐均用斗栱承托；斗栱或简或繁，形制不一，楼檐亦有单檐重檐之别。斗栱之下，仿佛都没有正式的额枋，而将平板枋放在上槛之上。自斗栱以下铺门以上的面积，完全做成华版。按其高度而异其华版之层数，视面阔之长短，而定其块数。凡此种种，都没有定规。华版部分最下的横枋，有高至约略与屋檐挂落板上皮平，露出前檐装修之全部者；有华版以下，尚加许多雕饰，致将装修之上段遮掩者；亦有柱中段为挂檐板所遮断，

图 11-1 三间四柱重檐一楼牌楼式店面

将牌楼绦环，及挂匾额的分位，划然拱在平房顶以上者，最后一种，却比较少见。

各楼顶均悬山造，瓮穴瓦青筒瓦，雕清水脊；庑殿或歇山顶，或顶上安兽吻者，均从未见过。

为标示店铺字号及商品种类，牌楼上须加匾额及招牌幌子之类。匾额的位置，均在楼檐下绦环以上的分位，用托子承托，斜向下面悬挂着。在约略同样的高度，在柱身之上，往往有雕作龙形的"挑头"伸出；由挑头上可以悬挂长条的招牌，或是用木做成的商品模型或样子。挑头与柱相交处，下面有角替承托；上面与角替相反的地位，则有立板一块，长方形，圆角，雕精细的花纹，称为牙子。绦环最下一道横枋之下，与柱相交处亦有用角替者。

较次的店面，门前用牌坊而不用牌楼。牌坊较牌楼简单，虽亦四柱冲天，但柱间只有绦环华版，上面没有斗栱楼檐遮盖；故也没有匾额。字号和商品名称都写（或刻）在华版上。柱上大多没有挑头伸出。

门前因牌楼的立法，往往可以标示店铺的性质；如木厂无论门面多少间，只立一间牌楼，高高耸起。香烛店多用重檐牌楼。唯有染坊最为特殊，最能表示商品的性质。牌坊上面架起细长的挑杆多根；遇有染好须晾干的布匹之类，便高高挂起垂下。这种幌子，既合实用，又便宣传，但是与路上行人有无不便，却是个问题。

二、拍子式

许多店铺不用牌楼牌坊，而以平顶的拍子当着街面。为求给买主以与牌楼牌坊所予类似的印象，在拍子的平顶上，往往可以立起栏杆，栏杆上标起店铺的字号，拍子的挂檐板上伸出挑头，以增加广告效力。其中也偶有安分守己，不事铺张的小店铺，店面呈露简朴清净的样子。

由结构方面看，拍子只是一座平顶的廊。前面一例柱子，按铺身间数分配。柱子平面率作方形，上安承重枋，枋上安楞木以承望版及灰顶。承重枋头上安挂檐版，上冠以砖质冰盘檐，全部与罗马式 cornice 极相似。挂檐板面，无例外的必有全部盖满的雕花。若要使挂檐板支出特远，则加用垂柱，垂柱的下端，多刻作仰覆莲瓣。若要在挂檐板上伸出挑头，便将承重枋加长伸出，称为"挑头承重枋"。

拍子的装修，大多玲珑开敞：通常住宅内檐所用的装修，在商店上则用在外檐。其分配方法，最常见的是明间开敞，有门可以出入，次梢间除安槅扇外，下半有栏杆阻隔，但亦偶有次间用槛窗槛墙者，或次间辟门与明间完全相同者。更有不规则的，明间及次间之一开敞，其他次间则有槛窗；有三间店面，一次间有槛窗，而其余两间又分为一明间，余两半次间而拦以栏杆者，样式纷繁，并无定式。

在普通槅扇之外面，多数商店多在柱间加安雕刻繁复的落地罩或横楣一类的装饰，这种纯粹的装饰品，极容易遮掩了建筑物本身的美德；偶尔也有用得恰到好处，不讨人厌的。

店铺之中，有在拍子前檐柱间不施装修，使成走廊形式者，这种做法在北平以外的许多地方很多，在北平城内，却比较少见。

规模较小的店铺，可不用拍子，乍看颇似向街上敞开的住宅。

三、重楼店面

在繁盛的街市上，有许多重层乃至三四层的店面。这种店铺前的拍子的构架，本来就与清《工程做法则例》所规定楼房的下层相同，平房顶的承重枋和楞木就是楼板的骨干，在那上面加建一层房架，自然不是一件困难的事。在外表上，临街的第一层与单层的店面完全相同；店面所必有的挂檐板，本来就是楼房原有的一部分；挑头、栏杆等，仍能照样的安装。

所以在外表图案上，多层或单层并不成为问题。

重层店铺上下两层间的关系，在图案上也可演出相当变化。拍子之上，也许有楼；也许楼在店屋本身上，而拍子的平顶乃成一种露台；也许店屋本身及拍子之上同有楼，而拍子上之一部，不安装修，成为廊子；乃至在拍子上陡然立起空敞的雨棚，也可得见。至于上层的屋檐，以通常滴水瓦檐为多，但间或也有用平顶拍子的。

重层店铺之踞在街角上者，往往因地势关系，而成为种种富于变化的局面。在正阳门外五牌楼两侧及西四牌楼的街角上，有重层的店铺，乃清慈禧太后六十大寿时（光绪二十年，1894年）建来点景的；在都市设计研究上，为颇有趣味的资料。煤市街的过街楼，及其附近层叠高起的铺房，都非常富于诗意。东河沿西口转角上的重楼，用抹角形式，由商业术上讲，自然较胜于以角头向着顾主。

屋顶的做法，除去转角房外，多用硬山顶。但是偶然也有用平顶，或歇山顶的。

四、栅栏店面

当铺的门面与其他店铺性质不同，它须具有防范保卫的可能。于是森严的栅栏，便成了当铺的特征。

栅栏多按铺身间数分间，立起柱子；柱间安上下枋，枋间安直楗。栅栏上还有简单的瓦顶。栅栏开门多狭小，门上有门楼，楼上伸出幌子。栅栏的一端多开旁门以便出入。

也许因为玻璃缺乏，所以商品的广告法，在古式的店面上，从来没有利用窗子陈列的，引起顾客注意唯一的方法乃在招牌幌子。

严格地说，牌楼并非店面的建筑，而是个大招牌，但因为它的结构是"建筑的"，而且常常与店面建筑部分不可分离，所以它所给人的印象便是以它为店面的本身。于是牌楼上所安的许多匾额和招牌，安在牌楼华版上的，或是由挑头上吊下的，都成了牌楼之一部。

挑头在广告上既属必要，而由建筑的眼光上看来，又那么适用而且忠实，所以无论牌楼或拍子，大多数都有挑头，或自挂檐板伸出，或自牌楼柱伸出。挑头有夔龙挑头与麻叶挑头两等，通常商店多用夔龙，麻叶挑头则不多见。

自挑头上所悬挂的幌子，有两种挂法：一种将各种商品的象征品，直接由挑头挂下；另一种则自挑头之下，悬挂横杠一条，两端雕作龙头，杠身满雕鳞甲，与挑头相似；由这横杠之下，再悬挂种种幌子。规模小的店面，若没有拍子而要挑头，则自柱身紧贴檐下斜向上挑起。

有些店铺，常在店前另立幌子或模型，如香烛店前的大蜡烛，或当铺前面高大的幌杆，都饶有趣味。

店面华版及挂檐板，雕刻的花纹形式极多，满地卷草纹者，比较常见，由图案的观点上，虽然线路圆和雕工精致，但乏趣味。以直线与曲线相间，或用博古图，在枋上用搭楸子，留出一片净朴的面积者，却比较幽雅。垂柱下端及其间横楣绦环，常常也有趣味的雕刻。

店面的槅扇，多用住宅内檐所用的形式，其中也有精品，将来在《槅扇集》里，当另详细讨论。至于店面前用于次梢间的栏杆，乃是店铺所独有，这种栏杆大致较高于通常的栏杆，功用等于栅栏。其图案亦富于变化，精品颇多。

第 12 讲
民居——山西民居

一、门楼

　　山西的村落无论大小，很少没有一个门楼的。（图 12-1）村落的四周，并不一定都有围墙，但是在大道入村处，必须建这种一座纪念性建筑物，提醒旅客，告诉他又到一处村镇了。河北境内虽也有这种布局，但究竟不如山西普遍。

　　山西民居的建筑也非常复杂，由最简单的穴居到村庄里深邃富丽的财主住宅院落，到城市中紧凑细致的讲究房子，颇有许多特殊之点，是值得注意的。但限于篇幅及不多的相片，只能略举一二，详细分类研究，只能等待以后的机会了。

图 12-1　1934 年，梁思成、林徽因考察山西村落门楼

二、穴居

穴居之风，盛行于黄河流域，散见于河南、山西、陕西、甘肃诸省，龙非了先生在《穴居杂考》一文中，已讨论得极为详尽。这次在山西随处得见；穴内冬暖夏凉，住居颇为舒适，但空气不流通，是一个极大的缺憾。穴窑均作抛物线形，内部有装饰极精者，窑壁抹灰，乃至用油漆护墙。窑内除火炕外，更有衣橱桌椅等家具。窑穴时常据在削壁之旁，成一幅雄壮的风景画，或有穴门权衡优美纯净，可在建筑术中称上品的。

三、砖窑

这并非北平所谓烧砖的窑，乃是指用砖发券的房子而言。虽没有向深处研究，我们若说砖窑是用砖来模仿崖旁的土窑，当不至于大错。这是因住惯了穴居的人，要脱去土窑的短处，如潮湿、土陷的危险等等，而保存其长处，如高度的隔热力等，所以用砖砌成窑形，三眼或五眼，内部可以互通。为要压下券的推力，故在两旁须用极厚的墙墩：为要使券顶坚固，故须用土作撞券。这种极厚的墙壁，自然有极高的隔热力的。

这种窑券顶上，均用砖墁平，在秋收的时候，可以用作曝晒粮食的露台。或防匪时村中临时城楼，因各家窑顶多相联，为便于升上窑顶，所以窑旁均有阶级可登。山西的民居，无论贫富，什九以上都有砖窑或土窑的，乃至在寺庙建筑中，往往也用这种做法。在赵城至霍山途中，适过一所建筑中的砖窑，颇饶趣味。（图12-2）

在这里我们要特别介绍在霍山某民居门上所见的木版印门神，那种简洁刚劲的笔法，是匠画中所绝无仅有的。

图12-2　1934年，林徽因在山西民居砖窑顶上

四、磨坊

磨坊虽不是一种普通的民居，但是住着却别有风味。磨坊利用急流的溪水做发动力，所以必须引水入室下，推动机轮，然后再循着水道出去流入山溪。因磨粉机不息的震动，所以房子不能用发券，而用特别粗大的梁架。因求面粉洁净，坊内均铺光润的地板。凡此种种，都使得磨坊成一种极舒适凉爽，又富有雅趣的住处，尤其是峪道河深山深溪之间，世外桃源里，难怪被人看中做消夏最合宜的别墅。

由全部的布局上看来，山西的村野的民居，最善利用地势，就山崖的峻缓高下，层层叠叠，自然成画！使建筑在它所在的地上，如同自然由地里长出来，权衡适宜，不带丝毫勉强，无意中得到建筑术上极难得的优点。

五、农庄内民居

就是在很小的村庄之内，庄中富有的农人也常有极其讲究的房子，这种房子和北方城市中"瓦房"同一模型，皆以"四合头"为基本，分配的形式，中加屏门、垂花门等等。其与北平通常所见最不同处有四点：

（一）在平面上，假设正房向南，东西厢房的位置全在北房"通面阔"的宽度以内，使正院成一南北长东西窄，狭长的一条，失去四方的形式。这个布置在平面上当然是省了许多地盘，比将厢房移出正房通面阔以外经济，且因其如此，正房及厢房的屋顶（多半平顶）极容易联络，石梯的位置，就可在厢房北头，夹在正房与厢房之间，上到某程便可分两面，一面旁转上到厢房屋顶，又一面再上几级可达正房顶。

（二）虽说是瓦房，实仍为平顶砖窑，仅留前廊或前檐部分用斜坡青瓦。侧面看去实像砖墙前加用"雨搭"。

（三）屋外观印象与所谓三开间同，但内部却仍为三窑眼，窑与窑间亦用发券门，印象完全不似寻常堂屋。

（四）屋的后面女儿墙上做成城楼式的箭垛，所以整个房子后身由外面看去直成一座堡垒。

六、城市中民居

如介休、灵石城市中民房与村落中讲究的大同小异，但多有楼，如用窑造亦仅限于下层。城中房屋栉篦，拥挤不堪，平面布置尤其经济，不多占地盘，正院比普通的更瘦窄。

一房与他房间多用夹道，大门多在曲折的夹道内，不像北平房子之庄重均衡，虽然内部则仍沿用一正两厢的规模。

这种房子最特异之点，在瓦坡前后两片不平均的分配。房脊靠后许多，约在全进深四分之三的地方，所以前坡斜长，后坡短促，前檐玲珑，后墙高垒，作内秀外雄的样子，倒极合理有趣。

赵城、霍州的民房所占地盘较介休一般从容得多。赵城房子的檐廊部分尤多繁复的木雕，院内真是雕梁画栋琳琅满目，房子虽大，联络甚好，因厢房与正屋多相连属，可通行。

七、山庄财主的住房

　　这种房子在一个庄中可有两三家，遥遥相对，仍可以令人想象到当日的气焰，其所占地面之大，外墙之高，砖石木料上之工艺，楼阁别院之复杂，均出于我们意料之外甚多。灵石往南，在汾水东西有几个山庄，背山临水，不宜耕种，其中富户均经商别省，发财后回来筑舍显耀宗族的。

　　房子造法形式与其他山西讲究房子相同。但较近于北平官式，做工极其完美。外墙石造雄厚惊人，有所谓"百尺楼"者，即此种房子的外墙，依着山崖筑造，楼居其上。由庄外遥望，十数里外犹可见，百尺矗立，崔嵬奇伟，足镇山河，为建筑上之荣耀！

第13讲
桥——河北赵县 安济桥

安济桥（图 13-1、图 13-2）——俗呼大石桥——在赵县南门外五里洨水上，一道雄伟的单孔弧券，横跨在河之两岸，在券之两端，各发两小券。桥之北端，有很长的甬道，由较低的北岸村中渐达桥上。南岸的高度比桥背低不多，不用甬道，而在桥头建立关帝阁一座；是砖砌的高台，下通门洞，凡是由桥上经过的行旅，都得由这门洞通行。桥面分为三股道路，正中走车，两旁行人。关帝阁前树立一对旗杆，好像是区划出大石桥最南头的标识。

这一带的乡下人都相信赵州桥是"鲁班爷"修的，他们并且相信现在所看见的大石券，是直通入水底，成一个整圆券洞！但是这大石券由南北两墩壁量起，跨长 37.47 米（约十二丈），且为弧券。

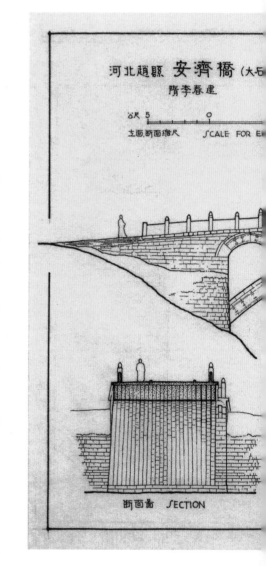

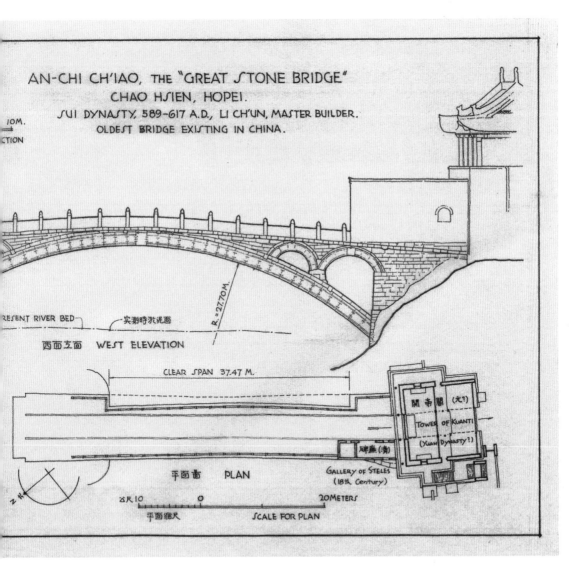

AN-CHI CH'IAO, THE "GREAT STONE BRIDGE"
CHAO HSIEN, HOPEI.
SUI DYNASTY, 589-617 A.D., LI CH'UN, MASTER BUILDER.
OLDEST BRIDGE EXISTING IN CHINA.

IOM.
CTION

PRESENT RIVER BED   实测时浅泥面   R = 27.70 M.

西面立面 WEST ELEVATION

CLEAR SPAN 37.47 M.

关帝阁 (元?)
TOWER OF KUANTI
(Yüan Dynasty?)

碑厩 (清)
GALLERY OF STELES
(18th Century)

平面图 PLAN

R 10   0   20 METERS

平面缩尺   SCALE FOR PLAN

图 13-1　河北赵县安济桥（赵州桥）平、立面图

按光绪《赵州志》卷一："安济桥在州南五里洨水上，一名大石桥，乃隋匠李春所造，奇巧固护，甲于天下。上有兽迹，相传是张果老倒骑驴处……"

关于安济桥的诗铭记赞，志载甚多，其中最重要的为唐中书令张嘉贞的《安济桥铭》："赵州洨河石桥，隋匠李春之迹也；制造奇特，人不知其所以为。试观乎用石之妙，楞平砥斫，方版促郁，缄穿隆崇，豁然无楹，吁可怪也！又详乎义插骈坒，磨

图 13-2　1933 年，梁思成考察河北赵县安济桥（赵州桥）

礱致密，甃百像一，仍糊灰曌，腰铁栓蹙。两涘嵌四穴，盖以杀怒水之荡突，虽怀山而固护焉。非夫深智远虑，莫能创是。其栏槛笋柱，锤斫龙兽之状，蟠绕挐踞，眭盱翕歘，若飞若动。……"

可惜这铭的原石，今已不存。张嘉贞，《新唐书》中有传，武后时，拜监察御史，玄宗开元八年（720 年），为中书令，当时距隋亡仅百年，既说隋匠李春，当属可靠。其他描写的句子，如"缄穿隆崇，豁然无楹"，"腰铁栓蹙"，和"两涘嵌四穴"，还都与我们现在所见的一样。只是"其栏槛笋柱，锤斫龙兽之状，蟠绕挐踞，眭盱翕歘，若飞若动"，则已改变。现在桥的西面，有石栏板，正中几片刻有"龙兽之状"，刀法布局，都不见得出奇，当为清代补葺，东面南端，尚存有旧栏两板，或者就是小放牛里的"玉石栏杆"，但这旧栏也无非是明代重修时遗物而已（详下文）。至于文中"制造奇特，人不知其所以为"，正可表明这桥的造法及式样，乃是一个天才的独创，并不是普通匠人沿袭一个时代固有的规矩的作品；这真正作者

问题，自当格外严重些。

志中所录唐代桥铭，尚有李翱、刘涣、张彧三篇，对于桥的构造和历史虽没有记载，但可证明这桥在唐代已是"天下之雄胜"。这些勒铭的原石，也都不存在了。

在小券的壁上，刻有历代的诗铭题字，其中有大观宣和及金、元、明的年号。这千三百余年的国宝名迹，将每个时代的景仰，为我们留存到今日。

这坚壮的石桥，在明代以前，大概情形还很好。州志录有明张居敬《重修大石桥记》，算是修葺的第一次记录。记中说："世庙初，有鬻薪者，以航运置桥下，火逸延焚，至桥石微隙，而腰铁因之剥销；且上为辋重穿敝。先大夫目击而危之，曰：'弗葺将就颓也！'以癸亥岁，率里中杜锐等肩其役，垂若而年，石敝如前，余兄弟复谋请李县等规工而董之，令僧人明进缘募得若干缗，而郡守王公，实先为督勒。经始于丁酉秋，而冬告竣，胜地飞梁，依然如故……"

按张居敬隆庆丁卯（1567 年）举人，他的父亲张时泰，嘉靖甲子（1564 年）举人，中举只比他早三年。记中所谓癸亥，大概是嘉靖四十二年（1563 年）。丁酉乃万历二十五年（1597 年）。这是我们所知道修桥的唯一记录，而当时亦只是"石微隙而腰铁剥销"而已。

现在桥之东面已毁坏，西面石极新。据乡人说，桥之西面于明末坏崩，按当在万历重修之后若干年，而于乾隆年间重修，但并无碑记。桥之东面，亦于乾隆年间崩落，至今尚未修葺。落下的石块，还成列地卧在河床下。现在若想拾起重修，还不是一件很难的事。

石桥所跨的洨水，现在只剩下干涸的河床，掘下两米余，方才有水，令人疑惑哪里来的"怒水之荡突"。按《州志》引《旧志》，说水有四泉；张孝时《洨河考》谓其"发源于封龙山……瀑布悬崖，水皆从石鳞中流出……"《汉书·地理志》则谓"井陉山洨水所出"；这许多不同的说法，正足以证明洨水的干涸不是今日始有的现象。但是此桥建造之必要，定因如《水经注》里所说"洨水不出山，而假力于近山之泉"……"受西山诸水，每大雨时行，伏水迅发，建瓴而下，势不可遏"……"当时颇称巨川，今仅有涓涓细流，唯夏秋霖潦，挟众山泉来注，然不久复为细流矣。"

现在洨水的河床，无疑的比石桥初建的时候高得多。大券的两端，都已被千余年的淤泥掩埋，券的长度是无由得知。我们实测的数目，南北较大的小券的墩壁（金刚墙）间之距离为37.47米，由四十三块大小不同的楔石砌成；但自墩壁以外大券还继续地向下去，其净跨长度，当然在这数目以上。这样大的单孔券，在以楣式为主要建筑方法的中国，尤其是在一千三百余年以前，实在是一桩值得惊异的事情。诚然，在欧洲古建筑中，37米乃至40米以上的大券或圆顶，并不算十分稀奇。罗马的班题瓮①（Pantheon）（123年）大圆顶径约42.5米，半径约21米；与安济桥约略同时的君士坦丁堡的圣·索菲亚教堂（今为礼拜寺），大圆顶径约32.6米，半径17.2米。安济桥的净跨固然比这些都小，但是一个不可忽视的要点，乃在安济桥的券乃是一个"弧券"，其半径约合27.7米；假使它完成整券，则跨当合55.4米，应当是古代有数的大券了。

中国用券，最古的例见于周汉陵墓，如近岁洛阳发现的周末韩君墓，墓门上有石券，旅顺附近南山里诸汉墓，门上皆有圆券；鲁蜀诸汉墓，亦多发券。至于券桥之产生，文献与实物，俱无佐证，是否受外来影响，尚待考证。我们所知道关于券桥最初的记载，有《水经注·谷水》条："其水又东，左合七里涧。涧有石梁，即旅人桥。桥去洛阳宫六七里，悉用大石下圆以通水，题太康三年（282年）十一月初就功。"

由文义上看来，其为券桥，殆少疑义，且后世纪录券桥文字中所常用"几孔"字样，并未见到，所以或许也是一座单孔券桥。后世常见的多孔券桥，其重量须分布在立在河心的墩子上，即今日所谓金刚墙。

但是古代河心多用柱——木柱或石柱——石墩见于记载之始者，为唐洛阳天津桥，于贞观十四年（640年）"更令石工累方石为脚"，在这种方法

---

① 今译万神庙。此庙始建于公元前27年，后遭毁，约118年重建。由水泥浇铸成圆形，上覆半球形穹隆顶，直径43.3米。

发明以前，我颇疑六朝以前的券桥都是单券由此岸达于彼岸的。所以大石桥的尺寸造法虽然非常，但单券则许是当时所知道的唯一办法。

现代通用的砌券方法，是罗马式的纵联砌券法，砌层与券筒的中轴线平行而在各层之间使砌缝相错，使券筒成为一整个的。许多汉代墓券，也是用罗马式砌法。安济桥大券小券的砌法，出我意外的，乃是巴比伦式的并列砌券法，用二十八道单独的券，并比排列着，每道宽约 35 厘米强。大券厚 1.03 米，全部厚度相同。（图 13-3）

每石长度并不相同，自 70 厘米至 109 厘米不等。各块之间皆用"腰铁"两件相连，无论表券（即券面）里券，都是如此做法。西面券顶正中的如意石刻有兽面，并用腰铁三个；这是近代重修的。券面隐起双线两道，大概是按原状做成。各道券之间并没有密切的联络，除却在大券之上，用厚约 33 厘米的石板，依着券筒用不甚整齐的纵联式砌法铺在券上，其主要砌缝与大券二十八道券缝成正角：即清式瓦作发券上之"伏"。它的功用，似在做各道单独的大券间的联络构材。但是这单薄的伏——尤其是中部——和它上面不甚重的荷载所产生的摩擦力并不足以阻止这些各个券的向外倒出的倾向。

大券两端下的券基，为免水流的冲击，必须深深埋入，绝不只在现在

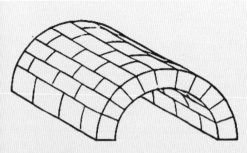

纵联砌券法
（罗马及现代多用此法，较并列券坚固）

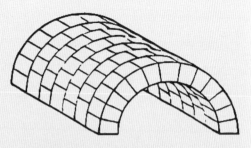

并列砌券法
（颐玛教授调巴∑比伦多用此法，各道券间缺乏联系）

图 13-3　纵联和并列砌券法

所见的券尽处，虽然亦不能如乡人所传全券成一整圆。为要实测券基，我们在北面券脚下发掘，但在现在河床下约 70—80 厘米，即发现承在券下平置的石壁。石共五层，共高 1.58 米，每层较上一层稍出台，下面并无坚实的基础，分明只是防水流冲刷而用的金刚墙，而非承纳桥券全部荷载的基础。因再下 30—40 厘米便即见水，所以除非大规模的发掘，实无法进达我们据学理推测的大座桥基的位置。发掘后，我因不得知道桥基造法而失望，也正如乡下人，因不能证实桥券为整圆而大失望一样。

再讲这长扁的大券上面，每端所负的两个小券（图 13-4），张嘉贞《铭》所说的"两涯嵌四穴"，真是可惊异地表现出一种极近代的进步的工程精神。罗马时代的水沟诚然也是券上加券，但那上券乃立在下券的券墩上，而且那种引水法，并不一定是智慧的表现，虽然为着它气魄雄厚，古意纵横，博得许多的荣誉。这种将小券伏在大券上，以减少材料，减轻荷载的空撞券法，在欧洲直至近代工程中，才是一种极通用的做法。欧洲

图 13-4　河北赵县安济桥（赵州桥）北端两小券西面

古代的桥，如法国蒙托邦（Montauban）十四世纪建造的领事桥（Pont des Consuls），虽然在墩之上部发小券，但小券并不伏在主券上。真正的空撞券桥，至十九世纪中叶以后，才盛行于欧洲。Brawngyn & Sparrow 合著的《说桥》（A Book of Bridges），则认为 1912 年落成的 Algeria，Constantine 的 Point Sidi Rached，一道主券长七十米，两端各伏有四小券的桥，是半受罗马水沟影响，半受法国 Ceret 两古桥（1321 年）影响的产品。但这些桥计算起来，较安济桥竟是晚七百年，乃至千二百余年。

这两个小券，靠岸的较中间的略大，也是由二十八道并列的单券合成，如同大券一样，它们也是弧券，虽然在这地位上，用整半圆券，或比较更合理。靠岸的一边，有方石砌成的墩壁，以承受第一小券（即较大的一个）一端的推力。第一小券与第二小券（即较小的一个）相接处，用石墩放在大券券面上承托着。在东面损坏处，可以看出券面上凿平，以承托这石墩；西面却是石墩下面斜放在券面的斜面上，想是后世修葺时疏忽的结果。据我们实测，南北四小券都不是规矩的圆弧，但大略说，北端第一小券半径约 2.3 米，净跨 3.81 米，第二小券半径约 1.5 米，净跨 2.8 米；近河心一端的券脚，都比近岸一端的券脚高。小券的厚度为 66 厘米，上加厚约 20 厘米的伏。但在北端西面，第一小券券脚尚是一块旧石，较重修的券面厚约 20 厘米，可以看出现状与原状出入处。第二小券上如意石兽面，大概也是重修前的原物。

因为用这种小券，大券上的死荷载便减轻了许多，材料也省了许多，这小券顶与大券顶间的线，便定了桥的面线。桥面以下，券以上的三角形撞券，均用石砌满，上铺厚约 27—28 厘米的石板，以受车马行旅不间断的损耗。

这桥的主要造法既是二十八道单独的弧券，券与券间没有重要的联络构材，所以最要防备的是各个石券向外倒出的倾向。关于这个预防或挽救的方法，在这工程中，除去上述的伏，以砌法与二十八道券成为纵横的联络外，我们共又发现三种：

（一）在券面上，小券的券脚处，有特别伸出的石条，外端刻作曲尺形，希冀用它们钩住势要向外倒出的大券。

（二）在小券脚与正中如意石之间，又有圆形的钉头表示里面有长大的铁条，以供给石与石间所缺乏的黏着力。但这两种方法之功效极有限，是显而易见的。

（三）最可注意的乃是最后一种，这桥的建造是故意使两端阔而中间较狭的。现在桥面分为三股，中间走车，两旁行人，我们实测的结果，北端两旁栏杆间，距阔9.02米；南端若将小房移去，当阔约9.25米；而桥之正中，若东面便道与西面同阔（东面便道现已缺三券）则阔仅8.51米。相差之数，竟自51厘米乃至74厘米，绝非施工不慎所致。如此做法的理由，固无疑地为设计者预先见到各个单券有向外倾倒的危险，故将中部阔度特意减小，使各道有向内的倾向，来抵制它，其用心可谓周密，施工亦可谓谨慎了。

但即此伟大工程，与自然物理律抗衡，经历如许年岁，仍然不免积渐伤损，所以西面五道券，经过千余年，到底于明末崩倒，修复以后，簇新的石纹，还可以看出。后来东面三道亦于乾隆年间倒了。现在自关帝阁上可以看出桥东面的中部，已经显然有向外崩倒的倾向，若不及早修葺，则损坏将更进一步了。

桥本身而外，尚有附属建筑物二：

（一）在桥的南端岸上的关帝阁。（图13-5）阁由前后两部合成，后部是主要部分，一座三楹殿，歇山顶，筑在坚实的砖台上。台下的圆门洞正跨在桥头，凡是由桥上经过的行旅全得由此穿过。由手法上看来，这部分也许是元末明初的结构。前部是上下两层的楼，上层也是三楹：下层外面虽用砖墙，与后部砖台联络相称，内部却非门洞，而是三开间，以中间一间为过道，通联后部门洞，为行人必经之处。上层三楹前殿，用木楼板，卷棚悬山顶。这前部，由结构法上看来，当属后代所加。正殿内阁关羽像，尚雄伟。前檐下的匾额，传说是严嵩的手笔。

（二）靠在阁下，在桥上南端西面便道上，现有小屋数檐当是清代所加。

图 13-5　河北赵县安济桥（赵州桥）南端关帝阁

（三）桥之北端，在墩壁的东面，有半圆形的金刚雁翅。按清式做法，雁翅当属桥本身之一部。但这里所见，则显然是后世所加，以保护桥基及堤岸的。

测绘安济桥之后，在赵县西门外护城河上，意外地我们得识到小石桥，原名永通桥（图 13-6、图 13-7），其式样简直是大石桥缩小的雏形。

按州志卷一："永通桥在西门外清水河上，建置莫详所始，以南有大石桥，因呼'小石桥'。"

卷十四录明王之翰《重修永通桥记》："吾郡出西门五十步，穿窿莽状如堆碧，挟沟浍之水……桥名永通，俗名'小石'。盖郡南五里，隋李春所造之'大石'……而是桥因以小名，逊其灵矣。桥不楹而耸，如驾之虹；洞然大虚，如弦之月；旁挟小窦者四，上列倚栏者三十二；缔造之工，形势之巧，直足颉颃'大石'，称二难于天下。……岁丁酉，乡之张大夫兄弟……为众人倡，而大石桥焕然一新……比戊戌，则郡父老孙君张君欲修

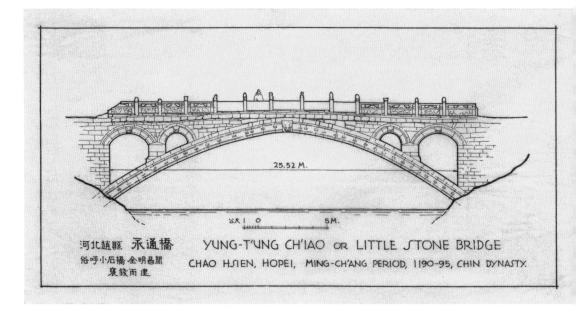

河北趙縣 永通橋
俗呼小石橋·金明昌間襄錢而建

YUNG-T'UNG CH'IAO OR LITTLE STONE BRIDGE
CHAO HSIEN, HOPEI, MING-CH'ANG PERIOD, 1190-95, CHIN DYNASTY.

25.52 M.

图 13-6　河北赵县永通桥

图 13-7　河北赵县永通桥南面西部

此以志缵功……取石于山，因材于地。穿者起之，如砥平也。倚者易之，如绳正也；雕栏之列，兽伏星罗，照其彩也；文石之砌，鳞次绣错，巩其固也。盖戌之秋，亥之夏，为日三百，而大功告成……父老孙君名寅，张君名历春。"

这桥之重修，乃在大石桥重修之明年，戊戌至己亥，1598 年秋动工，至 1599 年夏完成。这是我们对于桥的历史，除去正德二年（1507 年）栏板刻字外，所得唯一的史料。

在结构法上，小桥与大桥是完全相同的，没有丝毫的差别。两端小券墩壁间的距离为 25.5 米，大券净跨当较此数略长。大券也是弧券，其半径约为 18.5 米，由二十一道单券排比而成。券上施伏，两端各施两小券。小券的墩壁及券的形式，券墩与大券的关系，与大桥完全一致。唯一不同之点，只在小券尺寸与大券尺寸在比例上微有不同；小桥上的小券，比大桥上的小券，在比例上略大一点；如此正可以表现两桥大小之不同，使能显出它们本身应有的大小比例（scale）①。在建筑图案上，此点最为玄妙，"小石"即是完全模仿"大石"者乃单在此点上，知稍裁制，变换适宜，事情似非偶然。

桥面栏杆之间，一端宽 6.22 米，一端宽 6.28 米，并无人行便道。两端栏杆尽处，桥面石板尚向东面铺出 30 米余，西面铺出约 25 米。现在河之两岸，堆出若干世纪的煤渣垃圾，已将两端券脚掩埋了大部分，垃圾堆上已长出了多座黄土的民房，由这些民房里面仍旧堆出源源不绝的煤渣垃圾，继续这"沧海变桑田"的工作。

这桥除去工程方面的价值外，在雕刻方面，保存下来不少的精品。大石桥的"玉石栏杆"我们虽然看不着了，小石桥栏板上的浮雕，却是的确值得我们特别的注意。现存的石栏板有两类，在建筑艺术上和雕刻术上，

① 即建筑物的尺度，是指其所表现的大小是否适当而言。例如门是人出入的孔道，故与人有一定的关系，门太大则建筑物显得小，门小则建筑物显得大。其他各部都如是，因以显出建筑物之尺度（scale）。——编者注

都显然表示不同的做法及年代。一类是栏板两端雕作斗子蜀柱，中间用驼峰托斗，以承寻杖，华板长通全板，并不分格的；这类中北面有两板，南面有一板，都刻有正德二年八月（1507 年）的年号。一类是以荷叶墩代斗子蜀柱，华板分作两格的，年代显然较后，大概是清乾嘉间或更晚所作。

斗子蜀柱是宋以前的做法，元明以后极少见，据我所知正德二年已不是产生斗子蜀柱的时代，所以疑心有正德年号的栏板，乃是仿照更古的蓝本摹作的。至于驼峰托斗承寻杖，这次还是初见；但这种母题，在辽宋建筑构架中，却可常常见到。

在各小券间的撞券石上，都有雕起的河神像，两位老年有须，两位青年光额，都突起圆睛大眼，自两券相交处探首外望。在位置上和刀法上，都饶有哥德式雕刻的风味。北面东端小券墩上浮雕飞马，清秀飘逸，与西端券面上的肥鱼，表现出极相反的风格。

第 14 讲
蓟县独乐寺观音阁及山门

独乐寺观音阁及山门,在我国已发现之古木建筑中,固称最古,且其在建筑史上之地位,尤为重要。统和二年为宋太宗之雍熙元年（984 年）,北宋建国之第二十四年耳。上距唐亡仅七十七年,唐代文艺之遗风,尚未全靡;而下距《营造法式》之刊行尚有百十六年。《营造法式》实宋代建筑制度完整之记载,而又得幸存至今日者。观音阁及山门,其年代及形制,皆适处唐宋二式之中,实为唐宋间建筑形制蜕变之关键,至为重要。谓为唐宋间式之过渡式样可也。（图 14-1）

独乐寺伽蓝之布置,今已无考。隋唐之制,率皆寺分数院,周绕回廊。今观音阁山门之间,已无直接联络部分;阁前配殿,亦非原物,后部殿宇,更无可观。自经乾隆重修,建筑坐落于东院,寺之规模,便完全更改,原有布置,毫无痕迹。原物之尚存者唯阁及山门。（图 14-2 至图 14-5）

观音阁及山门最大之特征,而在形制上最重要之点,则为其与敦煌壁画中所见唐代建筑之相似也。壁画所见殿阁,或单层或重层,檐出如翼,斗栱雄大。而阁及门所呈现象,与清式建筑固迥然不同,与宋式亦大异,而与唐式则极相似。熟悉敦煌壁画中净土图者,若骤见此阁,必疑身之已入西方极乐世界矣。

其外观之所以如是者,非故仿唐形,乃结构制度,仍属唐式之自然结

图 14-1　1934 年初春，梁思成（左一）、林徽因（右三）夫妇带领
南下的东北大学学生考察河北蓟县（今属天津）独乐寺

果。而其结构上最重要部分，则木质之构架——建筑之骨干——是也。

其构架约略可分为三大部分：柱、斗栱及梁枋。

观音阁之柱，权衡颇肥短，较清式所呈现象为稳固。山门柱径亦如阁，然较阁柱犹短。至于阁之上中二层，柱虽更短，而径不改，故知其长与径，不相牵制，不若清式之有一定比例。此外柱头削作圆形，柱身微侧向内，皆为可注意之特征。

斗栱者，中国建筑所特有之结构制度也。其功用在梁枋等与柱间之过渡及联络，盖以结构部分而富有装饰性者。其在中国建筑上所占之地位，犹柱式（order）之于希腊罗马建筑；斗栱之变化，谓为中国建筑制度之变化，亦未尝不可，犹柱式之影响欧洲建筑，至为重大。

唐宋建筑之斗栱以结构为主要功用，雄大坚实，庄严不苟。明清以后，

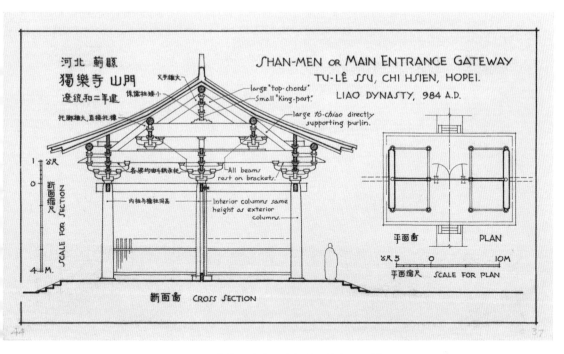

图 14-2　河北蓟县（今天津）独乐寺山门平剖面图

图 14-3　河北蓟县（今天津）独乐寺山门正面

斗栱渐失其原来功用，日趋弱小纤巧，每每数十攒排列檐下，几成纯粹装饰品，其退化程度，已陷井底，不复能下矣。观音阁山门之斗栱，高约柱高一半以上，全高三分之一，较之清式斗栱——合柱高四分或五分之一，全高六分之一者，其轻重自可不言而喻。而其结构，与清式、宋式皆不同；而种别之多，尤为后世所不见。

盖古之用斗栱，辄视其机能而异其形制，其结构实为一种有机的，有理的结合。如观音阁斗栱，或承檐，或承平坐，或承梁枋，或在柱头，或

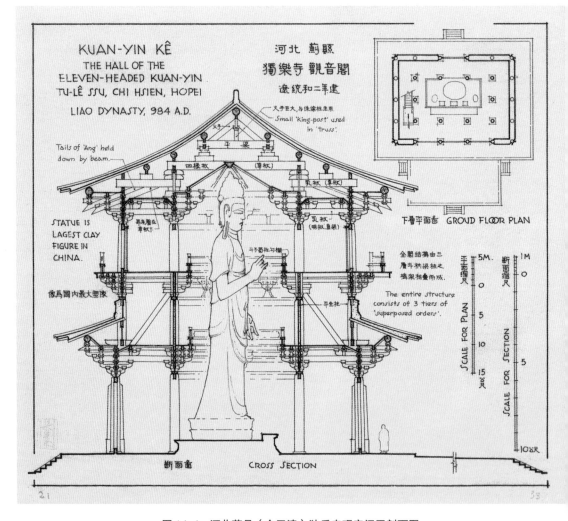

图14-4　河北蓟县（今天津）独乐寺观音阁平剖面图

图14-5　河北蓟县（今天津）独乐寺观音阁正面

转角，或补间，内外上下，各各不同^①，条理井然。各攒斗栱，皆可作建筑逻辑之典型。都凡二十四种，聚于一阁，诚可谓集斗栱之大成者矣！

　　观音阁及山门上梁枋之用法，尚为后世所常见，皆为普通之梁，无复杂之力学作用。其与后世制度最大之区别，乃其横断面之比例。梁之载重力，在其高度，而其宽度之影响较小；今科学造梁之制，大略以高二宽一为适宜之比例。按清制高宽为十与八或十二与十之比，其横断面几成正方形。宋《营造法式》所规定，则为三与二之比，较清式合理。而观音阁及山门（辽式）则皆为二与一之比，与近代方法符合。岂吾侪之科学知识，日见退步耶！

　　其在结构方面最大之发现则木材之标准化是也。清式建筑，皆以"斗

① 楼阁外周之露台，古称"平座"。斗栱之在屋角者为"转角铺作"，在柱与柱之间者为"补间铺作"。

口"①为单位，凡梁柱之高宽，面阔进深之修广，皆受斗口之牵制。制至繁杂，计算至难；其"规矩"对各部分之布置分配，拘束尤甚，致使作者无由发挥其创造能力。

古制则不然，以观音阁之大，其用材之制，梁枋不下千百，而大小只六种。此种极端之标准化，于材料之估价及施工之程序上，皆使工作简单。结构上重要之特征也。

观音阁天花，亦与清代制度大异。其井口甚小，分布甚密，为后世所不见。而与日本镰仓时代遗物颇相类似，可相较鉴也。

阁与山门之瓦，已非原物。然山门脊饰，与今日所习见之正吻不同。其在唐代，为鳍形之尾，自宋而后，则为吻，二者之蜕变程序，尚无可考。山门鸱尾，其下段已成今所习见之吻，而上段则尚为唐代之尾，虽未可必其为辽原物，亦必为明以前按原物仿造，亦可见过渡形制之一般。砖墙下部之裙肩，颇为低矮，只及清式之半，其所呈现象，至为奇特。山西北部辽物亦多如是，盖亦其特征之一也。

观音阁中之十一面观音像，亦统和重塑，尚具唐风，其两旁侍立菩萨，与盛唐造像尤相似，亦雕塑史中之重要遗例也。

蓟县在北平之东百八十里。汉属渔阳郡，唐开元间，始置蓟州。五代石晋，割以赂辽，其地遂不复归中国。金曾以蓟一度遗宋，不数年而复取之。宋、元、明以来，屡为华狄冲突之地；军事重镇，而北京之拱卫也。蓟城地处盘山之麓。盘山乃历代诗人歌咏之题，风景幽美，为蓟城天然之背景。

蓟既为古来重镇，其建置至为周全，学宫衙署，僧寺道院，莫不齐备。（图14-6）而千数百年来，为蓟民宗教生活之中心者，则独乐寺也。寺在城西门内，中有高阁，高出城表，自城外十余里之遥，已可望见。每届废历②三月中，寺例有庙会之举，县境居民，百数十里跋涉，参加盛会，以期

---

① 斗栱大斗安栱之口为"斗口"。
② 即夏历。1927年以后推行公历，故称夏历为废历。——编者注

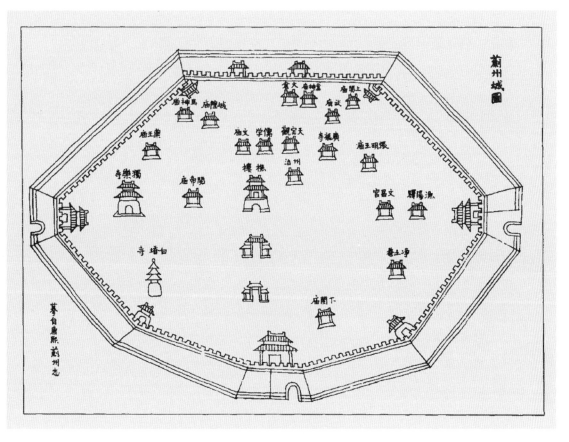

图 14-6　蓟州古城图

"带福还家"。其在蓟民心目中，实为无上圣地，如是者已数百年，蓟县耆老亦莫知其始自何年也。

　　独乐寺虽为蓟县名刹，而寺史则殊渺茫，其缘始无可考。与蓟人谈，咸以寺之古远相告；而耆老缙绅，则或谓屋脊小亭内碑文有"贞观十年建"字样，或谓为"尉迟敬德监修"数字，或将二说合而为一，谓为"贞观十年尉迟敬德监修"者，不一而足。"敬德监修"，已成我国匠人历代之口头神话，无论任何建筑物，彼若认为久远者，概称"敬德监修"。至于"贞观十年"，只是传说，无人目睹，亦未见诸传记。即使此二者俱属事实，亦只为寺创建之时，或其历史中之一段。至于今日尚存之观音阁及山门，则绝非唐构也。

　　蓟人又谓：独乐寺为安禄山誓师之地。"独乐"之名，亦禄山所命，盖禄山思独乐而不与民同乐，故而命名云。蓟城西北，有独乐水，为境内名川之一，不知寺以水名，抑水以寺名，抑二者皆为禄山命名也。

寺之创立，至迟亦在唐初。《日下旧闻考》引《盘山志》云[①]："独乐寺不知创自何代，至辽时重修。有翰林院学士承旨刘成碑。统和四年（986年）孟夏立石，其文曰：'故尚父秦王请谈真大师入独乐寺，修观音阁。以统和二年（984年）冬十月再建上下两级、东西五间、南北八架大阁一所。重塑十一面观音菩萨像。'"

自统和上溯至唐初三百余年耳。唐代为我国历史上佛教最昌盛时代；寺像之修建供养极为繁多，而对于佛教之保护，必甚周密。在彼适宜之环境之下，木质建筑，寿至少可数百年。殆经五代之乱，寺渐倾颓，至统和（北宋初）适为须要重修之时。故在统和以前，寺至少已有三百年以上之历史，殆属可能。

刘成碑今已无可考，而刘成其人者，亦未见经传。尚父秦王者，耶律奴瓜也[②]。按辽史本传，奴瓜为太祖异母弟南府宰相苏之孙，"有膂力，善调鹰隼"，盖一介武夫。统和四年始建军功。六年败宋游兵于定州，二十一年伐宋，擒王继忠于望都。当时前线乃在河北省南部一带，蓟州较北，已为辽内地，故有此建置，而奴瓜乃当时再建观音阁之主动者也。

谈真大师，亦无可考，盖当时高僧而为宗室所赏识或敬重者。观音阁之再建，是在其监督之下施工者也。

统和二年，即宋太宗雍熙元年，984年也。阁之再建，实在北宋初年。《营造法式》为我国最古营造术书，亦为研究宋代建筑之唯一著述，初刊于宋哲宗元符三年（1100年）[③]，上距阁之再建，已百十六年。而统和二年，上距唐亡（昭宣帝天祐四年，907年）仅七十七年。以年月论，距唐末尚近

---

① 同治十一年（1872年）李氏刻本《盘山志》无此段。

② 查辽史，统和四年碑上提到的"故尚父秦王"应是韩匡嗣，而不是开泰初（1012—1021年）始加尚父的耶律奴瓜。——莫宗江注

③ 《营造法式》初刊于宋崇宁二年（1103年）。——莫宗江注

于法式刊行之年。且地处边境，在地理上与中原较隔绝。在唐代地属中国，其文化自直接受中原影响，五代以后，地属夷狄，中国原有文化，固自保守，然在中原若有新文化之产生，则所受影响，必因当时政治界限而隔阻，故愚以为在观音阁再建之时，中原建筑若已有新变动之发生，在蓟北未必受其影响，而保存唐代特征亦必较多。如观音阁者，实唐、宋二代间建筑之过渡形式，而研究上重要之关键也。

阁之形式，确如碑所载，"上下两级，东西五间，南北八架"。阁实为三级，但中层为暗层，如西式之 Mezzanine。故主要层为两级，暗层自外不见。南北八架云者，按今式称为九架，盖谓九檩而椽分八段也。

自统和以后，历代修葺，可考者只四次，皆在明末以后。元、明间必有修葺，然无可考。

万历间，户部郎中王于陛重修之，有《独乐大悲阁记》，谓："……其载修则统和己酉也。经今久圮，二三信士谋所以为缮葺计；前饷部柯公[1]，实倡其事，感而兴起者，殆不乏焉。柯公以迁秩行，予继其后，既经时，涂暨之业斯竟。因赡礼大士，下睹金碧辉映，其法身庄严钜丽，围抱不易尽，相传以为就刻一大树云。"

按康熙《朝邑县后志》："王于陛，字启宸，万历丁未进士。以二甲授户部主事，升郎中，督饷蓟州。"

丁未为万历二十五年（1595 年）。其在蓟时期，当在是年以后，故其修葺独乐寺，当在万历后期。其所谓重修，亦限于油饰彩画，故云"金碧辉映，庄严钜丽"，于寺阁之结构无所更改也。

明清之交，蓟城被屠三次，相传全城人民，集中独乐寺及塔下寺，抵死保护，故城虽屠，而寺无恙，此亦足以表示蓟人对寺之爱护也。

王于陛修葺以后六十余年，王弘祚复修之。弘祚以崇祯十四年（1614 年）"自盘阴来牧渔阳"。入清以后，官户部尚书，顺治十五年（1658 年）

---

① 《蓟州志》。柯维骧，万历中任是职，王于陛之前任。

"晋秩司农，奉使黄花山，路过是州，追随大学士宗伯菊潭胡公来寺少憩焉。风景不殊，而人民非故；台砌倾圮，而庙貌徒存。……寺僧春山游来，讯予（弘祚）曰，'是召棠冠社之所凭也，忍以草莱委诸？'予唯唯，为之捐资而倡首焉。一时贤士大夫欣然乐输，而州牧胡君①，毅然劝助，共襄盛举。未几，其徒妙乘以成功告，且曰宝阁配殿，及天王殿山门，皆焕然聿新矣"（《修独乐寺记》）。

此入清以后第一次修葺也。其倡首者王弘祚，而"州牧胡君"助之。当其事者则春山妙乘。所修则宝阁配殿，及天王殿山门也。读上记，天王殿山门，似为二建筑物然者，然实则一，盖以山门而置天王者也。以地势而论，今山门迫临西街，前无空地，后距观音阁亦只七八丈，其间断不容更一建筑物之加入，故"天王殿山门"者，实一物也。

乾隆十八年（1753年）"于寺内东偏……建立坐落，并于寺前改立栅栏照壁，巍然改观"（《蓟州沈志》卷三）。是殆为寺平面布置上极大之更改。盖在此以前，寺之布置，自山门至阁后，必周以回廊，如唐代遗制。高宗于"寺内东偏"建立坐落，"则寺内东偏"原有之建筑，必被拆毁。不唯如是，于"西偏"亦有同时代建立之建筑，故寺原有之东西廊，殆于此时改变，而成今日之规模。"巍然改观"，不唯在"栅栏照壁"也。

乾隆重修于寺上最大之更动，除平面之布置外，厥唯观音阁四角檐下所加柱，及若干部分之"清式化"。阁出檐甚远，七百余年，已向下倾圮，故四角柱之增加，为必要之补救法，阁之得以保存，唯此是赖。

关于此次重修，尚有神话一段。蓟县老绅告予，当乾隆重修之时，工人休息用膳，有老者至，工人享以食。问味何如，老者曰："盐短，盐短！"盖鲁班降世，而以上檐改短为不然，故曰"檐短"云。按今全部权衡，上檐与下檐檐出，长短适宜，调谐悦目，檐短之说，不敢与鲁班赞同。至于

① 《蓟州志》。胡国佐，三韩人。修学宫西庑戟门，有记。升湖广德安府同知，去任之日，民攀辕号泣，送不忍舍，盖德政有以及人也。

其他"清式化"部分，如山花板、博脊及山门雀替之添造，门窗扇之修改，内檐柱头枋间之填塞，皆将于各章分别论之。

高宗生逢盛世，正有清鼎定之后，国裕民安，府库充实；且性嗜美术，好游名山大川。凡其足迹所至，必重修寺观，立碑自耀。唐、宋古建筑遗物之毁于其"重修"者，不知凡几，京畿一带，受创尤甚。而独乐寺竟能经"寺内东偏"坐落之建立，观音阁山门尚侥幸得免，亦中国建筑史之万幸也。

光绪二十七年（1901年），"两宫回銮"之后，有谒陵^①盛典，道出蓟州。独乐寺因为坐落之所在，于是复加修葺粉饰。此为最后一次之重修，然多限于油漆彩画等外表之点缀。骨干构架，仍未更改。今日所见之外观，即光绪重修以后之物。

有清一代，因坐落之关系，独乐寺遂成禁地，庙会盛典，皆于寺前举行。平时寺内非平民所得入，至清末遂有窃贼潜居阁顶之逸事。贼犯案年余，无法查获，终破案于观音阁上层天花之上；相传其中布置极为完善，竟然一安乐窝。其上下之道，则在东梢间柱间攀上，摩擦油腻，尚有黑光，至今犹见。

鼎革以后，寺复归还于民众，一时香火极盛。民国六年（1917年），始拨西院为师范学校。十三年（1924年），陕军来蓟，驻于独乐寺，是为寺内驻军之始。十六年（1927年），驻本县保安队，始毁装修。十七年（1928年）春，驻孙殿英部军队，十八年（1929年）春始去。此一年中，破坏最甚。然较之同时东陵盗陵案，则吾侪不得不庆独乐寺所受孙部之特别优待也。

北伐成功以后，蓟县党部成立，一时破除迷信之声，甚嚣尘上，于是党委中有倡议拍卖独乐寺者。全蓟人民，哗然反对，幸未实现。不然，此千年国宝，又将牺牲于"破除迷信"美名之下矣。

---

① 清东陵，在蓟东遵化县境。

民国二十年（1931 年），全寺拨为蓟县乡村师范学校，阁，山门，并东西院坐落归焉。东西院及后部正殿，皆改为校舍，而观音阁山门，则保存未动。南面栅栏部分，围以土墙，于是无业游民，不复得对寺加以无聊之涂抹撕拆。现任学校当局诸君，对于建筑，保护备至。观音阁山门十余年来，备受灾难，今归学校管理，可谓渐入小康时期，然社会及政府之保护，尤为亟不容缓也。

第15讲
山西五台山佛光寺

山西五台山是由五座山峰环抱起来的，当中是盆地，有一个镇叫台怀。五峰以内称为"台内"，以外称"台外"。台怀是五台山的中心，附近寺刹林立，香火极盛。殿塔佛像都勤经修建。其中许多金碧辉煌，用来炫耀香客的寺院，都是近代的贵官富贾所布施重修的。千余年来所谓：文殊菩萨道场的地方，竟然很少明清以前的殿宇存在。

台外的情形，就与台内很不相同了。因为地占外围，寺刹散远，交通不便，所以祈福进香的人，足迹很少到台外。因为香火冷落，寺僧贫苦，所以修装困难，就比较有利于古建筑之保存。

1937年6月，我同中国营造学社调查队莫宗江、林徽因、纪玉堂四人，到山西这座名山，探索古刹。到五台县城后，我们不入台怀，折而北行，径趋南台外围。我们骑驮骡入山，在陡峻的路上，迂回着走，沿倚着岸边，崎岖危险，下面可以俯瞰田陇。田陇随山势弯转，林木错绮；近山婉婉在眼前，远处则山峦环护，形式甚是壮伟，旅途十分僻静，风景很幽丽。到了黄昏时分，我们到达豆村附近的佛光真容禅寺，瞻仰大殿，咨嗟惊喜。我们一向所抱着的国内殿宇必有唐构的信念，一旦在此得到一个实证了。（图 15-1）

图15-1　1937年，梁思成一行前往山西五台山寻找佛光寺

　　佛光寺的正殿魁伟整饬，还是唐大中年间的原物。（图15-2至图15-4）除了建筑形制的特点历历可征外，梁间还有唐代墨迹题名，可资考证。佛殿的施主是一妇人，她的姓名写在梁下，又见于阶前的石幢上，幢是大中十一年（857年）建立的。殿内尚存唐代塑像三十余尊，唐壁画一小横幅，宋壁画几幅。这不但是我们多年来实地踏查所得的唯一唐代木构殿宇，不但是国内古建筑之第一块宝，也是我国封建文化遗产中最可珍贵的一件东西。寺内还有唐石刻经幢二座，唐砖墓塔二座，魏或齐的砖塔一座，宋中叶的大殿一座。

　　正殿的结构既然是珍贵异常，我们开始测绘就唯恐有遗漏或错失处。我们工作开始的时候，因为木料上有新涂的土朱，没有看见梁底下有字，所以焦灼地想知道它的确实建造年代。通常殿宇的建造年月，多写在脊檩上。这座殿因为有"平暗"顶板，梁架上部结构都被顶板隐藏，斜坡殿顶的下面，有如空阁，黑暗无光，只靠经由檐下空隙，攀爬进去。上面积存的尘土有几寸厚，踩上去像棉花一样。我们用手电探视，看见檩条已被蝙

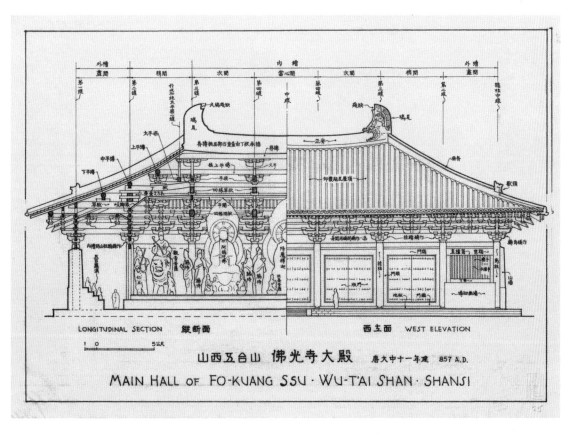

图 15-2　山西五台山佛光寺大雄宝殿立面及纵剖面图

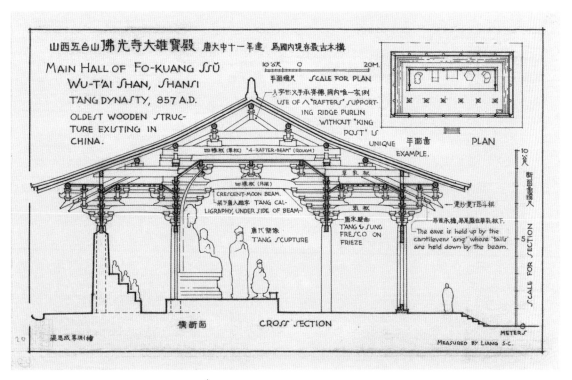

图 15-3　山西五台山佛光寺大雄宝殿平面及剖面图

图 15-4　山西五台山佛光寺大殿

蝙盘踞，千百成群地聚挤在上面，无法驱除。脊檩上有无题字，还是无法知道，令人失望。我们又继续探视，忽然看见梁架上都有古法的"叉手"的做法，是国内木构中的孤例。这样的意外，又使我们惊喜，如获至宝，鼓舞了我们。

照相的时候，蝙蝠见光惊飞，秽气难耐，而木材中又有千千万万的臭虫（大概是吃蝙蝠血的），工作至苦。我们早晚攀登工作，或爬入顶内，与蝙蝠臭虫为伍，或爬到殿中构架上，俯仰细量，探索唯恐不周到，因为那时我们深怕机缘难得，重游不是容易的，这次图录若不详尽，恐怕会辜负古人的匠心的。

我们工作了几天，才看见殿内梁底隐约有墨迹，且有字的左右共四梁。但字迹被土朱所掩盖。梁底离地两丈多高，光线又不足，各梁的文字，颇难确辨。审视了许久，各人凭自己的目力，揣拟再三，才认出官职一二，而不能辨别人名。徽因素来远视，独见"女弟子宁公遇"之名，深怕有误，又详细检查阶前经幢上的姓名。幢上除有官职者外，果然也有"女弟子宁公遇"者，称为"佛殿主"，名列在诸尼之前。"佛殿主"之名既然写在梁上，又刻在幢上，则幢之建造应当是与殿同时的。即使不是同年兴工，幢之建立要亦在殿完工的时候。殿的年代因此就可以推出了。

为求得题字的全文，我们当时就请寺僧入村去募工搭架，想将梁下的土朱洗脱，以穷究竟。不料村僻人稀，和尚去了一整天，仅得老农二人，对这种工作完全没有经验，筹划了一天，才支起一架。我们已急不能待地把布单撕开浸水互相传递，但是也做了半天才洗出两道梁。土朱一着了水，墨迹就骤然显出，但是水干之后，墨色又淡下去，又隐约不可见了。费了三天时间，才得读完题字原文。可喜的是字体宛然唐风，无可置疑。"功德主故右军中尉王"当然是唐朝的宦官，但是当时我们还不知道他究竟是谁。

正殿摄影测绘完了后，我们继续探视文殊殿的结构，测量经幢（图 15-5）及祖师塔（图 15-6、图 15-7）等。祖师塔朴拙劲重，显然是魏齐遗物。文殊殿是纯粹的北宋手法，不过构架独特，是我们前所未见；前内柱之间的内

图 15-5　林徽因在测绘经幢

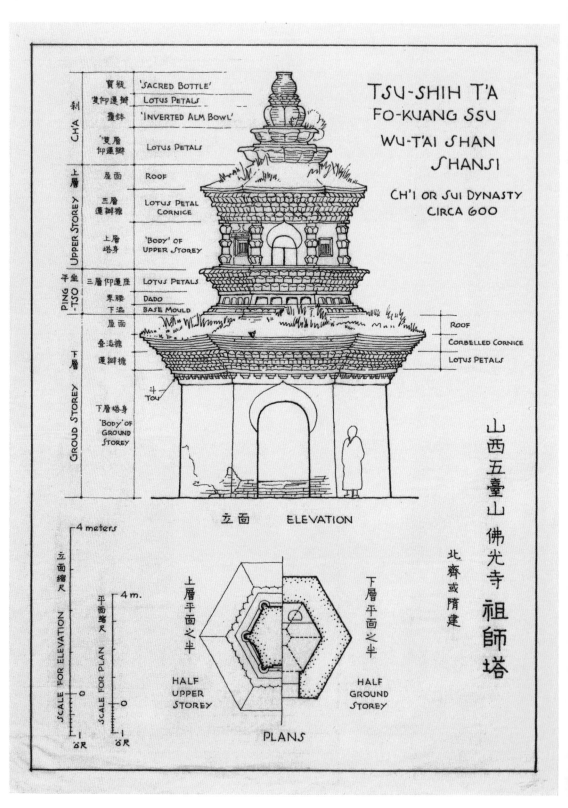

图 15-6 山西五台山佛光寺祖师塔平立面图

额净跨十四米余，其长度惊人，寺僧称这木材为"薄油树"，但是方言土音难辨究竟。一个小孩捡了一片栎树叶相示，又引导我们登后山丛林中，也许这巨材就是后山的栎木，但是今天林中并无巨木，幼树离离，我们还未敢确定它是什么木材。

最后我们上岩后山坡上探访墓塔，松林疏落，晚照幽寂；虽然峰峦萦抱着亘古胜地，而左右萧条，寂寞自如。佛教的迹象，留下的已不多了。推想唐代当时的盛况，同现在一定很不相同。

工作完毕，我们写信寄太原教育厅，详细陈述寺之珍罕，敦促计划永久保护办法。我们游览台怀诸寺后，越过北台到沙河镇，沿滹沱河经繁峙至代县，工作了两天，才听到卢沟桥抗战的消息。战事爆发，已经五天了。当时访求名胜所经的，都是来日敌寇铁蹄所践踏的地方。我们从报上仅知北平形势危殆，津浦、平汉两路已不通车。归路唯有北出雁门，趋大同，试沿平绥，回返北平。我们又恐怕平绥或不得达，而平汉恢复有望，所以又嘱纪玉堂携图录稿件，暂返太原候讯。翌晨从代县出发，徒步到同蒲路中途的阳明堡，就匆匆分手，各趋南北。

图稿回到北平，是

图 15-7　1937 年，林徽因在五台山佛光寺祖师塔上檐

经过许多挫折的。然而这仅仅是它发生安全问题的开始。此后与其他图稿由平而津，由津而平，又由社长朱桂莘先生嘱旧社员重抄，托带至上海，再由上海邮寄内地，辗转再三，无非都在困难中挣扎着。

山西沦陷之后七年，我正在写这个报告的时候，豆村正是敌寇进攻台怀的据点。当时我们对这名刹之存亡，对这唐代木建孤例的命运之惴惧忧惶，曾经十分沉重。中华人民共和国成立以后，我们知道佛光寺不唯仍旧存在，而且听说毛主席在那里还住过几天。这样，佛光寺的历史意义更大大地增强了。中央文化和旅游部已拨款修缮这罕贵的文物建筑，同时还做了一座精美的模型。现在我以最愉快的心情，将原稿做了些修正，并改为语体文，作为一件"文物参考资料"。

佛殿的附属艺术

一、塑像

（一）中三间的主像及胁侍等

在佛殿槽内五间的长度，一半间的深度的位置上，是一座高 74 厘米的大佛坛。坛上有主像五尊，各附有胁侍像五六尊不等。

当心间的主像是降魔释迦，袒着右肩，右手垂置在右膝上，作"触地印"，左手捧钵放在腹前，趺坐在长方须弥座上。左次间的主像是弥勒佛，垂下双足坐着，左右脚下各有莲花一朵。双膝并垂，是唐代佛像最盛行的姿势，是宋以后所少见的，所以最值得注意。右次间的主像是阿弥陀佛，双手略如"安慰印"状，趺坐在六角须弥座上，衣褶从座上垂下来。

释迦的左右，有迦叶、阿难两尊者和两菩萨侍立，更前则有两供养菩萨跪在莲花上，手捧果品献佛。弥勒和阿弥陀的诸胁侍，除以两菩萨代两尊者外，一切与释迦同。释迦弥勒都有螺发；阿弥陀则有直发如犍陀罗式之发容。三佛丰满的面颊，弧形弯起的眉毛，端正的口唇，都是极显著的唐风。弥勒及阿弥陀佛胸腹部的衣褶与带结和释迦与阿弥陀垂在覆座上部的衣褶，都是唐代的固定程式。

菩萨立像都微微向前倾侧，腰部微弯曲，腹部微凸起，是唐中叶以后菩萨像的特征，与敦煌塑像同出一范。供养菩萨都是一足蹲着一足跪着，在高蒂的莲座上。衣饰与其他菩萨相同。这种形式的供养菩萨，在国内已不多见，除敦煌石窟外，仅在山西大同华严寺薄迦教藏还有。这些像都在最近数年间，受到重妆的厄运。虽然在形体方面，原状尚得保存，但淳古的色泽却已失去；今天所见的是鲜蓝鲜碧及丹红粉白诸色，工艺粗糙，色调过于唐突鲜焕。

（二）两梢间普贤观音像

左右两梢间的主像是普贤和观音两菩萨。普贤菩萨在左梢间，骑象，两菩萨胁侍，"獠蛮"牵着象。普贤像前有韦陀及一童子像。右梢间主像是观音菩萨，骑狮子，"拂菻"牵着狮子，两菩萨胁侍，两梢间坛的极端前角，都立着护法天王，甲胄持剑，两像魁伟，遥立对峙。

坛左端天王的右侧有趺坐等身小像，是供养者"佛殿主宁公遇"的像。面对着佛坛，在殿左端梢间窗下，又有趺坐的等身像，是沙门愿诚的像。按照通常的配置，多以昔贤与文殊对称。文殊骑狨居左，昔贤骑象居右。这殿里却以普贤骑象居左，右侧不供文殊而供观音——因为骑狮的像的花冠上有阿弥陀化佛，是观音最显著的标志。也许因为五台是文殊的道场，所以不使他居在次要的地位。

普贤与其他菩萨都有披肩，左右作长发下垂。内衣从左肩垂下，用带子系结在胸前。腰部以下，用带子束长裙，带子在脐下打成结。观音衣饰最特殊，在胸前作如意头，两乳作成螺旋纹，云头覆在肩上，两袖翻卷作火焰形，与其他菩萨不同。

天王像森严雄劲，极为生动，两像都手执长剑，瞋目怒视。它们的甲

图 15-8 山西五台山佛光寺大殿塑像（五百罗汉之一角）

胄衣饰与唐墓中出土的武俑多相似处，也是少见的实例，可惜手臂和衣带都有近世改装之处。

坛上的三尊佛像，连像座通高约 5.3 米。观音、普贤连坐兽高约 4.8 米。胁侍诸菩萨高约 3.7 米。跪在莲花上的供养菩萨连同像座高约 1.95 米，约略为等身像，它们位置在诸像的前面，处于附属点缀的地位。两尊天王像高约 4.1 米，全部气象森伟。唯有宁公遇和愿诚两尊像，等身侍坐，呈现渺小谦恭之状。

沿着佛殿两山和后檐墙的大部分（在扇面墙之后）排列着"五百罗汉"像（图 15-8），但是实际数目仅二百九十尊。它们的塑工庸俗，显然是明清添塑的。

（三）侍坐供养者像

宁公遇像（图 15-9）是一座年约四十之中年妇人像，面貌丰满，袖手跌坐，一望而知是实写的肖像，穿的是大领衣，内衣的领子从外领上翻出，衣外又罩着如意云头形的披肩。腰部所束的带子是由多数"田"字形的方块缀成的。她的衣领与敦煌壁画中供养者像，和成都发掘的前蜀永陵（王建墓）须弥座上所刻女乐的衣饰诸多相似之点，当为当时寻常的装束。以敦煌信女像与这尊宁公遇的像相比较，则前者是一幅画，用笔婉美，设色都雅，所以信女像停匀皎洁，古丽照人；像大仅等身，在佛坛上至为渺小，谦坐南端天王像旁。其姿态衣饰与敦煌画中信女像颇相似；其在坛上位置亦与信女像在画之下左隅相称。后者是塑像，塑工沉厚，隆杀适宜，所以宁公遇状貌神全，生气栩栩，丰韵亦觉高华。唐代艺术洗练的优点，从这两尊像上都可得见一斑。

图 15-9　林徽因第一个发现了这座珍贵的古刹，它是由一位女性捐建的。图为林徽因与佛殿施主宁公遇。

沙门愿诚像（图 15-10）　在南梢间窗下，面向佛坛跌坐，是诸像中受重妆之厄最浅的一尊。像的表情冷寂清苦，前额隆起，颧骨高突，而体质从容静恬，实为写实人像中之优秀作品。英国不列颠博物院，美国纽约市博物院和彭省（宾夕法尼亚）大学美术馆所藏唐琉璃沙门像，素称"罗汉像"的，都与此同一格调。考十八罗汉之成为造型艺术题材，到宋代才初见，画面如贯休之十六应真，塑像如用直保圣

图 15-10　愿诚像

寺、长清灵严寺诸罗汉像。唐以前仅以两罗汉阿难尊者及迦叶尊者作为佛像之胁侍而已，其最早之例见于洛阳龙门造像。后世所谓十八罗汉，仅有"十六罗汉"见于佛典，其中二尊，为好事者所添加，其个别面貌多作印度趣，姿势表情均富于戏剧性，而这几尊唐琉璃像，则正襟趺坐，面貌严肃，姿势沉静，是典型的中国僧人，与愿诚像绝相似。相传诸琉璃像来自河北易县，可能也是易县古刹中的高僧像，处于供养者地位，而被古董商误呼作"罗汉"的。现在与愿诚像相较，我们尤其怀疑施主沙门，造像侍坐在殿隅，是当时的风尚。但仅凭这一孤例，我们未敢妄作断论。

二、石像

除诸塑像外，殿内还存有石像两尊（图15-11）。其一是天宝十一载（752年）比丘融山等所造的释迦玉石像。像并座共高约1米。佛体肥硕，结跏趺坐在须弥座上，发卷如犍陀罗式，右手已毁，左手抚在左膝上，他的内衣自左肩而下，胸前的带子打成一个结。僧衣的下部覆盖着须弥座垂下，自然流畅，有风吹即动之感。其衣下缘，饰以垂直褶纹，与殿内释迦、阿弥陀两像相同。就宗教意境而论，此相貌特肥，像个酒肉和尚，毫无出尘超世之感。就造像技术而论，其所表现乃是写实性的型类，似富有个性的个人，在我国佛教艺术中，是很少见的。现在流落在日本的定县某塔上的释迦立像，其神情手法，与此像完全相同，像是出自同一匠师的手。

像须弥座下溢的铭文所称"无垢净光塔"者，或者就是佛殿东南的祖师塔，塔下层内室现在没有像，玉石释迦像可能本是塔中的本尊，不知何时移至殿中供养的[1]。

---

[1]　无垢净光塔在大殿后山上，1973年曾在塔基旁发掘出塔的碑额。——编者注

图 15-11　大唐天宝石刻

三、壁画

从文字记录，如《历代名画记》《益州名画录》《图画见闻志》等书看来，唐代的佛殿，很少不用壁画做装饰的。现在内柱额上少数栱眼壁上，还有壁画存在，是原有壁画之得仅存的（图 15-12）。

这些壁画中最古的在右次间前内额的上边。栱眼壁长约 4.5 米，高约 0.66 米。其构图分为三组，中央一组，以佛（似为阿弥陀）为中心，七菩萨胁侍，其左第一位是观音，余不可辨。颜色则除石绿色以外，其他设色，无论是像脸或衣饰，均一律呈深黯的铁青色。左右两组都以菩萨为中心，略矮小，似为观音及势至。

两主要菩萨之旁，又各有菩萨、天王、飞天等随从。各像的衣纹和姿态都很流畅圆婉，飞天飘旋的姿势，尤其富有唐风。壁之两极端更有僧俗供养者像。北端一列是僧人披着袈裟，南端一列是穿着文官袍服大冠的人。其中之一，权衡短促，嘴的两旁出胡须，与敦煌壁画中所见的，同一格式，画脸和胡须的笔法，还含有汉画遗风，如营城子墓壁所见。

就构图及笔法而论，这幅壁画与敦煌唐代壁画，处处类似，其为唐代原画之可能性，实在很少可疑之点。敦煌以外，唐代壁画之存在"中原"的，这是我们所知绝无仅有的一幅[①]。即使此外还有存在的也必然是附属在其他唐代原来幸存的建筑物上的，而今日可能存有唐代建筑之处，已杳不可寻，所以就是这二三方米长的栱眼壁上的唐画，也是珍罕可贵之极的。

左次间前内额上的栱眼壁，画作七个圆光，每圆光内画佛像十躯，光下作长方框，内写各佛号。最左一格题"佛光庄信佛弟子刘太知……宣和四年三月初……"以笔法及构图格式而论，这幅宋宣和圆光形佛像图，与左次间内额上的壁画迥然不同。宋画颜色也还鲜焕，绝无黯黑之变。已成黯黑色的彩画，除此右次间内额者外，我们仅在云冈少数崖顶石窟藻井上见到。这又可以佐证左次间的壁画，其时代之早，远过于宋宣和年代。

---

① 1964 年曾在大殿佛像须弥座后发现了唐代原来的壁画。——编者注

图 15-12　山西五台山佛光寺大殿栱眼壁唐代壁画

左山前侧的内额上的栱眼壁，画着密列的菩萨约七十躯。各菩萨都有头光，宝冠花饰，颇为繁缛。衣褶笔法虽略嫌烦琐，但尚豪劲，与四川大足（今重庆市大足区）北崖摩崖石刻中宋代菩萨之作风颇相似，可能也是宋代物。

前内柱上北端栱眼壁上还有五彩卷草纹，可能也是宋代的彩画。

四、题字

佛殿梁下题字，以地势所限，字形一般多是横而扁的。笔纹颇婉劲沉着，意兼欧虞；结字则有时近于颜柳而略秀（如第二梁之"东""尚""兼"诸字近颜，第四梁"弟"字近柳）。其不经意之处，犹略存魏晋的遗韵，虽说时代相近，也是贞观以后风气所使然，也是出于书法家之笔。

第 16 讲
山西太原晋祠

晋祠离太原仅五十里，汽车一点多钟可达，历来为出名的"名胜"，闻人名士由太原去游览的风气自古盛行。我们在探访古建的习惯中，多对"名胜"怀疑：因为最是"名胜"容易遭"重修"的大毁坏，原有建筑故最难得保存！所以我们虽然知道晋祠离太原近在咫尺，且在太原至汾阳的公路上，我们亦未尝预备去访"胜"的。

直至赴汾的公共汽车上了一个小小山坡，绕着晋祠的背后过去时，忽然间我们才惊异地抓住车窗，望着那一角正殿的侧影，爱不忍释。相信晋祠虽成"名胜"却仍为"古迹"无疑。那样魁伟的殿顶，雄大的斗栱，深远的出檐，到汽车过了对面山坡时，尚巍巍在望，非常醒目。晋祠全部的布置，则因有树木看不清楚，但范围不小，却也是一望可知。

我们惭愧不应因其列为名胜而即定其不古，故相约一月后归途至此下车，虽不能详察或测量，至少亦得浏览摄影，略考其年代结构。

由汾回太原时我们在山西已过了月余的旅行生活，心力俱疲，还带着种种行李什物，诸多不便，但因那一角殿宇常在心目中，无论如何不肯失之交臂，所以到底停下来预备作半日的勾留，如果错过那末后一趟公共汽车回太原的话，也只好听天由命，晚上再设法露宿或住店！

在那种不便的情形下，带着一不做、二不休的拼命心理，我们下了那挤到水泄不通的公共汽车，在大堆行李中捡出我们的"粗重细软"——由杏花村的酒坛子到峪道河边的兰芝种子——累累赘赘的，背着掮着，到车站里安顿时，我们几乎埋怨到晋祠的建筑太像样——如果花花簇簇的来个乾隆重建，我们这些麻烦不全省了么？

但是一进了晋祠大门，那一种说不出的美丽辉映的大花园，使我们惊喜愉悦，过于初时的期望。无以名之，只得叫它作花园。其实晋祠布置又像庙

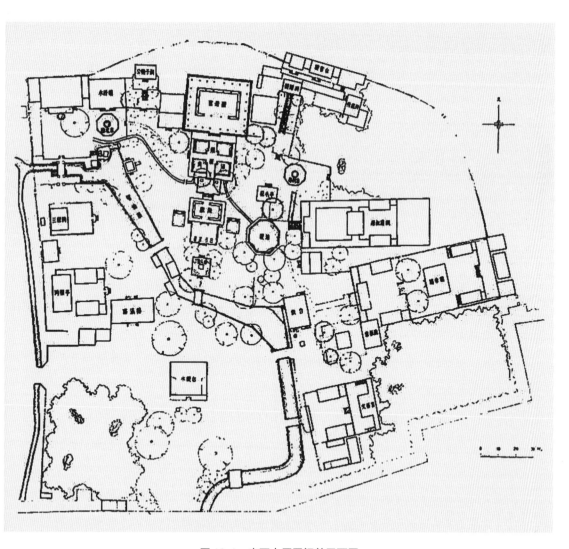

图 16-1　山西太原晋祠总平面图

观的院落，又像华丽的宫苑，全部兼有开敞堂皇的局面和曲折深邃的雅趣，大殿楼阁在古树婆娑池流映带之间，实像个放大的私家园亭。（图16-1）

所谓唐槐周柏，虽不能断其为原物，但枝干奇伟，虬曲横卧，煞是可观。池水清碧，游鱼闲逸，还有后山石级小径楼观石亭各种衬托。各殿雄壮，巍然其间，使初进园时的印象，感到俯仰堂皇，左右秀媚，无所不适。虽然再进去即发现近代名流所增建的中西合璧的丑怪小亭子等等，夹杂其间。

圣母庙为晋祠中间最大的一组建筑；除正殿外，尚有前面"飞梁"（即十字木桥），献殿及金人台，牌楼等等，今分述如下：

一、正殿

晋祠圣母庙大殿（图16-2至图16-5），重檐歇山顶，面阔七间进深六间，平面几成方形，在布置上，至为奇特。殿身五间，副阶周匝。但是前廊之深为两间，内槽深三间，故前廊异常空敞，在我们尚属初见。

斗栱的分配，至为疏朗。在殿之正面，每间用补间铺作一朵，侧面则仅梢间用补间铺作。下檐斗栱五铺作，单栱出两跳；柱头出双下昂，补间出单杪单下昂。上檐斗栱六铺作，单栱出三跳，柱头出双杪单下昂，补间出单杪双下昂，第一跳偷心，但饰以翼形栱。但是在下昂的形式及用法上，这里又是一种曾未得见的奇例。柱头铺作上极长大的昂嘴两层，与地面完全平行，与柱成正角，下面平，上面斫颤，并未将昂嘴向下斜斫或斜插，亦不求其与补间铺作的真下昂平行，完全直率地坦然放在那里，诚然是大胆诚实的做法。在补间铺作上，第一层昂昂尾向上挑起，第二层则将与令栱相交的耍头加长斫成昂嘴形，并不与真昂平行的向外伸出，这种做法与正定龙兴寺摩尼殿斗栱极相似，至于其豪放生动，似较之尤胜。在转角铺作上，各层昂及由昂均水平地伸出，由下面望去，颇呈高爽之象。山面除梢

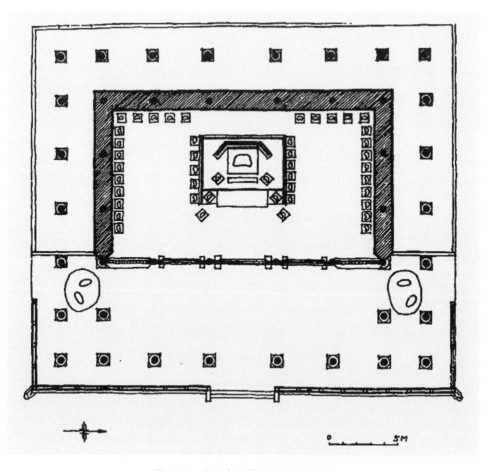

图16-2　山西太原晋祠圣母殿平面图

间外，均不用补间铺作。斗栱彩画与《营造法式》卷三十四"五彩遍装"者极相似。虽属后世重装，当是古法。

这殿斗栱俱用单栱，泥道单栱上用柱头枋四层，各层枋间用斗垫托。阑额狭而高，上施薄而宽的普拍枋。角柱上只普拍枋出头，阑额不出。平柱至角柱间，有显著的生起。梁架为普通平置的梁，殿内因黑暗，时间匆促，未得细查。前殿因深两间，故在四椽栿上立童柱，以承上檐，童柱与相对之内柱间，除斗栱上之乳栿及扎牵外，柱头上更用普拍枋一道以相固济。

按卫聚贤《晋祠指南》，称圣母庙为宋天圣年间（1023—1032年）建。由结构法及外形姿势看来，较《营造法式》所订的做法的确更古拙豪放，天圣之说当属可靠。

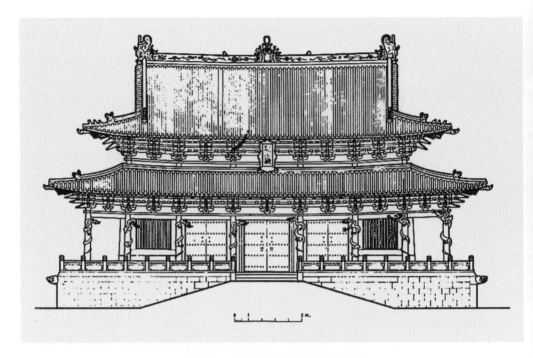

图 16-3　山西太原晋祠圣母殿立面图

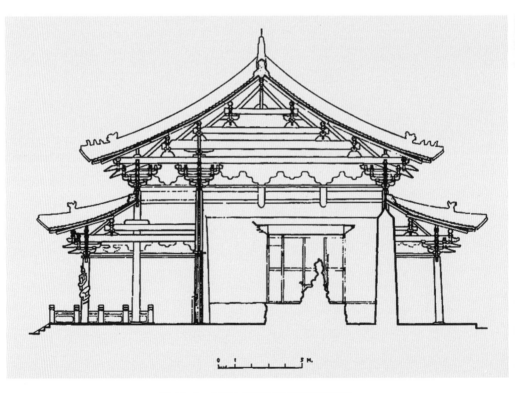

图 16-4　山西太原晋祠圣母殿横剖面图

图 16-5　山西太原晋祠圣母殿外景

二、飞梁

正殿与献殿之间，有所谓"飞梁"者，横跨鱼沼之上。在建筑史上，这"飞梁"是我们现在所知的唯一的孤例。本刊五卷一期中，刘敦桢先生在《石轴柱桥述要》一文中，对于石柱桥有详细的伸述，并引《关中记》及《唐六典》中所记录的石柱桥。就晋祠所见，则在池中立方约30厘米的石柱若干，柱上端微卷杀如殿宇之柱，柱上有普拍枋相交，其上置斗，斗上施十字栱相交，以承梁或额。在形制上这桥诚然极古，当与正殿献殿属于同一时期。而在名称上尚保存着古名，谓之飞梁，这也是极罕贵值得注意的。

三、献殿

献殿（图 16-6）在正殿之前，中隔放生池。殿三间，歇三顶。与正殿结构法手法完全是同一时代同一规制之下的。斗栱单栱五铺作，柱头铺作双下昂，补间铺作单杪单下昂，第一跳偷心，但饰以小小翼形栱。正面每间用补间铺作一朵，山面唯正中间用补间铺作；柱头铺作的双下昂，完全平置，后尾承托梁下，昂嘴与地面平行，如正殿的昂。补间则下昂后尾挑起，要头与令栱相交，长长伸出，斫作昂嘴形。两殿斗栱外面不同之点，唯在令栱之上，正殿用通长的挑檐枋，而献殿则用替木。斗栱后尾唯下昂挑起，全部偷心，第二跳跳头安梭形"栱"，单独的昂尾挑在平榑之下。至于柱头普拍枋，与正殿完全相同。

图 16-6　山西太原晋祠献殿

献殿的梁架，只是简单的四椽栿上放一层平梁，梁身简单轻巧，不弱不费，故能经久不坏。

殿之四周均无墙壁，当心间前后辟门，其余各间在坚厚的槛墙之上安直棂栅栏，如《营造法式》小木作中之叉子，当心间门扇亦为直棂栅栏门。

殿前阶基上铁狮子一对，极精美，筋肉真实，灵动如生。左狮胸前文曰"太原文水弟子郭丑牛兄……政和八年四月二十六日"，座后文为"灵石县任章常柱任用段和定……"右狮字不全，只余"乐善"二字。

四、金人

献殿前牌楼之前，有方形的台基，上面四角上各立铁人一，谓之金人台。四金人之中，有两个是宋代所铸，其西南角金人胸前铸字，为宋故绵州魏城令刘植……于绍圣四年（1097 年）立。像塑法平庸，字体尚佳。其中两个近代补铸，一清朝，一民国，塑铸都同等的恶劣。

晋祠范围以内，尚有唐叔虞祠，关帝庙等处，匆促未得入览，只好俟诸异日。唐贞观碑原石及后代另摹刻的一碑均存，且有碑亭妥为保护。

第 17 讲

山东曲阜孔庙

也许在人类历史中，从来没有一个知识分子像中国的孔丘（公元前551—公元前479年）那样长期地受到一个朝代接着一个朝代的封建统治阶级的尊崇。他认为"一只鸟能够挑选一棵树，而树不能挑选过往的鸟"，所以周游列国，想找一位能重用他的封建主来实现他的政治理想，但始终不得志。

事实上，"树"能挑选鸟；却没有一棵"树"肯要这只姓孔名丘的"鸟"。他有时在旅途中绝了粮，有时狼狈到"累累若丧家之犬"；最后只得叹气说："吾道不行矣！"但是为了"自见于后世"，他晚年坐下来写了一部《春秋》。也许他自己也没想到，他"自见于后世"的愿望达到了。正如汉朝的大史学家司马迁所说："春秋之义行，则天下乱臣贼子惧焉。"所以从汉朝起，历代的统治者就一朝胜过一朝地利用这"圣人之道"来麻痹人民，统治人民。

尽管孔子生前是一个不得志的"布衣"，死后他的思想却统治了中国两千年。他的"社会地位"也逐步上升，到了唐朝就已被称为"大成至圣文宣王"，连他的后代子孙也靠了他的"余荫"，在汉朝就被封为"褒成侯"，后代又升一级做"衍圣公"。两千年世袭的贵族，也算是历史上仅有的现象了。这一切也都在孔庙建筑中反映出来。

今天全中国每一个过去的省城、府城、县城都必然还有一座规模宏大、红墙黄瓦的孔庙，而其中最大的一座，就在孔子的家乡——山东省曲阜，规模比首都北京的孔庙还大得多。在庙的东边，还有一座由大小几十个院子组成的"衍圣公府"。

曲阜城北还有一片占地几百亩、树木葱幽、丛林密茂的孔家墓地——孔林。孔子以及他的七十几代嫡长子孙都埋葬在这里。

现在的孔庙是由孔子的小小的旧宅"发展"出来的。他死后，他的学生就把他的遗物——衣、冠、琴、车、书——保存在他的故居，作为"庙"。汉高祖刘邦就曾经在过曲阜时杀了一条牛祭祀孔子。西汉末年，孔子的后代受封为"褒成侯"，还领到封地来奉祀孔子。到东汉末桓帝时（153年），第一次由国家为孔子建了庙。随着朝代岁月的递移，到了宋朝，孔庙就已发展成三百多间房的巨型庙宇。

历代以来，孔庙曾经多次受到兵灾或雷火的破坏，但是统治者总是把它恢复重建起来，而且规模越来越大。到了明朝中叶（十六世纪初），孔庙在一次兵灾中毁了之后，统治者不但重建了庙堂，而且为了保护孔庙，干脆废弃了原在庙东的县城，而围绕着孔庙另建新城——"移县就庙"。在这个曲阜县城里，孔庙正门紧挨在县城南门里，庙的后墙就是县城北部，由南到北几乎把县城分割成为互相隔绝的东西两半。这就是今天的曲阜。孔庙的规模基本上是那时重建后留下来的。

自从萧何给汉高祖营建壮丽的未央宫，"以重天子之威"以后，统治阶级就学会了用建筑物来做政治工具。因为"夫子之道"是可以利用来维护封建制度的最有用的思想武器，所以每一个新的皇朝在建国之初，都必然隆重祭孔，大修庙堂，以阐"文治"；在朝代衰末的时候，也常常重修孔庙，企图宣扬"圣教"，扶危救亡。1935年，国民党政府就是企图这样做的最后一个，当然，蒋介石的"尊孔"，并不能阻止中国人民的解放运动；当时的重修计划，也只是一纸空文而已。

由于封建统治阶级对于孔子的重视，连孔子的子孙也沾了光，除了庙东那座院落重重、花园幽深的"衍圣公府"外，中华人民共和国成立前，在县境内还有大量的"祀田"，历代的"衍圣公"，也就成了一代一代的恶霸地主。曲阜县知县也必须是孔氏族人，而且必须由"衍圣公"推荐，"朝廷"才能任命。

除了孔庙的"发展"过程是一部很有意思的"历史记录"外，现存的建筑物也可以看作中国近八百年来的"建筑标本陈列馆"。这个"陈列馆"一共占地将近十公顷，前后共有八"进"庭院，殿、堂、廊、庑，共六百二十余间，其中最古的是金朝（1195 年）的一座碑亭，以后元、明、清、民国各朝代的建筑都有。

孔庙的八"进"庭院中，前面（即南面）三"进"庭院都是柏树林，每一进都有墙垣环绕，正中是穿过柏树林和重重的牌坊、门道的甬道。第三进以北才开始布置建筑物。这一部分用四个角楼标志出来，略似北京紫禁城，但具体而微。在中线上的是主要建筑组群，由奎文阁、大成门、大成殿、寝殿、圣迹殿和大成殿两侧的东庑和西庑组成，大成殿一组也用四个角楼标志着，略似北京故宫前三殿一组的意思。在中线组群两侧，东面是承圣殿、诗礼堂一组，西面是金丝堂、启圣殿一组。大成门之南，左右有碑亭十余座。此外还有些次要的组群。（图 17-1）

奎文阁是一座两层楼的大阁，是孔庙的藏书楼，明朝弘治十七年（1504 年）所建。（图 17-2、图 17-3）在它南面的中线上的几道门也大多是同年所建。大成殿一组，除杏坛和圣迹殿是明代建筑外，全是清雍正年间（1724—1730 年）建造的。

今天到曲阜去参观孔庙的人，若由南面正门进去，在穿过了苍翠的古柏林和一系列的门堂之后，首先引起他兴趣的大概会是奎文阁前的同文门。这座门不大，也不开在什么围墙上，而是单独地立在奎文阁前面。它引人注意的不是它的石柱和四百五十多年的高龄，而是门内保存的许多汉魏碑石。其中如史晨、孔庙、张猛龙等碑，是老一辈临过碑帖练习书法的人所熟悉的。现在，人民政府又把散弃在附近地区的一些汉画像石集中到这里。原来在庙西双相圃（校阅射御的地方）的两个汉刻石人像也移到庙园内，立在一座新建的亭子里。今天的孔庙已经具备了一个小型汉代雕刻陈列馆

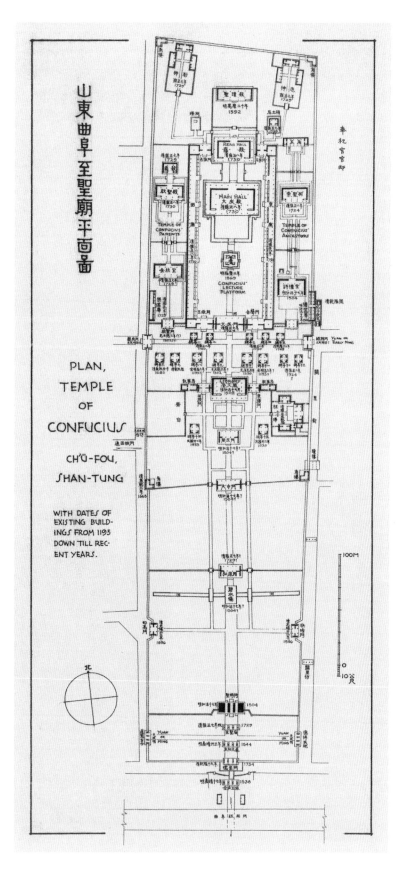

图 17-1　山东曲阜孔
　　　庙总平面图

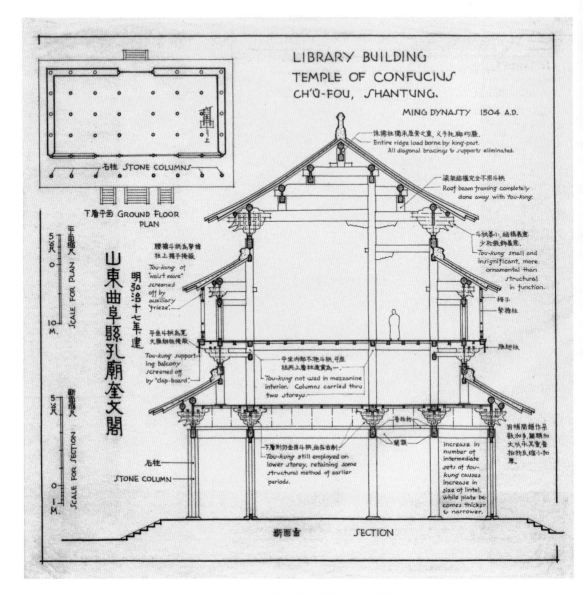

图 17-2　山东曲阜孔庙奎文阁平断面图

的条件了。

　　奎文阁虽说是藏书楼，但过去是否真正藏过书，很成疑问。它是大成殿主要组群前面"序曲"的高峰，高大仅次于大成殿；下层四周回廊全部用石柱，是一座很雄伟的建筑物。

　　大成殿（图 17-4 至图 17-6）正中供奉孔子像，两侧配祀颜回、曾参、

图 17-3　山东曲阜孔庙奎文阁

孟轲等"十二哲"；它是一座双层瓦檐的大殿，建立在双层白台基上，是孔庙最主要的建筑物，重建于清初雍正年间雷火焚毁之后，1730 年落成。这座殿最引人注意的是它前廊的十根精雕蟠龙柱。每根柱上雕出"双龙戏珠"，"降龙"由上蟠下来，头向上；"升龙"由下蟠上去，头向下。中间雕出宝珠；还有云焰环绕衬托。柱脚刻出石山，下面莲瓣柱础承托。这些蟠龙不是一般的浮雕，而是附在柱身上的圆雕。它在阳光闪烁下栩栩如生，是建筑与雕刻相辅相成的杰出的范例。大成门正中一对柱也用了同样的手法。殿两侧和后面的柱子是八角形石柱，也有精美的浅浮雕。相传大成殿原来的位置在现在殿前杏坛所在的地方，是 1018 年宋真宗时移建的。现存台基的"御路"雕刻是明代的遗物。

杏坛位置在大成殿前庭院正中，是一座亭子，相传是孔子讲学的地方。现存的建筑也是明弘治十七年（1504 年）所建。显然是清雍正年间经雷火

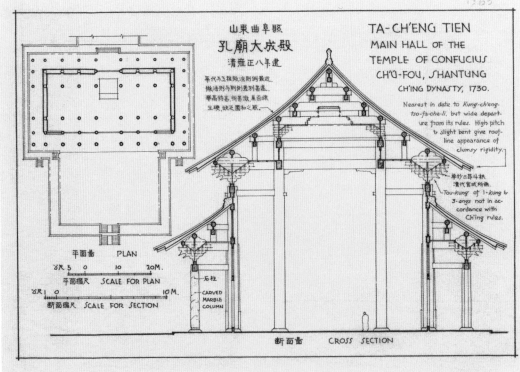

图 17-4　山东曲阜孔庙大成殿平剖面图

图 17-5　山东曲阜孔庙大成殿

图 17-6　山东曲阜孔庙大成殿龙柱

灾后幸存下来的。大成殿后的寝殿是孔子夫人的殿。再后面的圣迹殿，明
末万历年间（1592 年）创建，现存的仍是原物，中有孔子周游列国的画石
一百二十幅，其中有些出于名家手笔。

　　大成门前的十几座碑亭（图 17-7）是金、元以来各时代的遗物；其中
最古的已有七百七十多年的历史。孔庙现存的大量碑石中，比较特殊的是
元朝的蒙汉文对照的碑和一块明初洪武年间的语体文碑，都是语文史中可
贵的资料。

　　1959 年，人民政府对这个辉煌的建筑组群进行修葺。这次重修，本质
上不同于历史上的任何一次重修：过去是为了维护和挽救反动政权，而今
天则是我们对于历史人物和对于具有历史艺术价值的文物给予应得的评定
和保护。七月间，我来到了阔别二十四年的孔庙，看到工程已经顺利开始，
工人的劳动热情都很高。特别引人注意的，是彩画工人中有些年轻的姑娘，
高高地在檐下做油饰彩画工作，这是坚决主张重男轻女的孔丘所梦想不

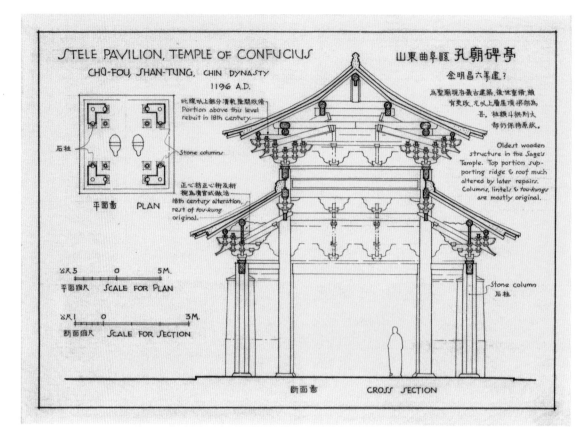

图 17-7　山东曲阜孔庙金代碑亭平剖面图

到的。

　　过去的"衍圣公府"已经成为人民的文物保管委员会办公的地方，科学研究人员正在整理、研究"府"中存下的历代档案，不久即可开放。

　　更令人兴奋的是，我上次来时，曲阜是一个颓垣败壁、秽垢不堪的落后县城，街上看到的，全是衣着褴褛、愁容满面的饥寒交迫的人。今天的曲阜，不但市容十分整洁，连人也变了，往来于街头巷尾的不论是胸佩校徽、迈着矫健步伐的学生，或是连唱带笑，蹦蹦跳跳的红领巾，以及徐步安详的老人……都穿得干净齐整。城外农村里，也是一片繁荣景象，男的都穿着洁白的衬衫，青年妇女都穿着印花市的衣服，在麦粒堆积如山的晒场上愉快地劳动。

第18讲
北京经典古建

一、中山堂

　　我们的首都是这样多方面的伟大和可爱，每次我们都可以从不同的事物来介绍和说明它，来了解和认识它。我们的首都是一个最富于文化建筑的名城；从文物建筑来介绍它，可以更深刻地感到它的伟大与罕贵。下面这个镜头就是我要在这里首先介绍的一个对象。

　　它是中山公园内的中山堂。你可能已在这里开过会，或因游览中山公园而认识了它；你也可能是没有来过首都而希望来的人，愿意对北京有个初步的了解。让我来介绍一下吧，这是一个愉快的任务。

　　这个殿堂的确不是一个寻常的建筑物。就是在这个满是文物建筑的北京城里，它也是极其罕贵的一个。因为它是这个古老的城中最老的一座木构大殿，它的年龄已有五百三十岁了。它是十五世纪二十年代的建筑，是明朝永乐由南京重回北京建都时所造的许多建筑物之一，也是明初工艺最旺盛的时代里，我们可尊敬的无名工匠们所创造的、保存到今天的一个实物。

　　这个殿堂过去不是帝王的宫殿，也不是佛寺的经堂。它是执行中国最原始宗教中祭祀仪节而设的坛庙中的"享殿"。中山公园过去是"社稷坛"，就是祭土地和五谷之神的地方。（图18-1）

　　凡是坛庙都用柏树林围绕，所以环境优美，成为现代公园的极好基础。社稷坛全部包括中央一广场，场内一方坛，场四面有短墙和棂星门；短墙之外，三面为神道，北面为享殿和寝殿；它们的外围又有红围墙和美丽的券洞门。正南有井亭，外围古柏参天。

　　中山堂的外表是个典型的大殿。白石镶嵌的台基和三道石阶，朱漆合抱的并列立柱，精致的门窗，青绿彩画的阑额，由于综错木材所组成的"斗栱"和檐椽等所造成的建筑装饰，加上黄琉璃瓦巍然耸起，微曲的

图18-1　北京故宫社稷坛

坡顶，都可说是典型的、但也正是完整而美好的结构。它比例的稳重，尺度的恰当，也恰如它的作用和它的环境所需要的。它的内部不用天花顶棚，而将梁架斗栱结构全部外露，即所谓"露明造"的格式。我们仰头望去，就可以看见每一块结构的构材处理得有如装饰画那样美丽，同时又组成了巧妙的图案。当然，传统的青绿彩绘也更使它灿烂而华贵。但是明初遗物的特征是木材的优良（每柱必是整料，且以楠木为主）和匠工砍削榫卯的准确，这些都不是在外表上显著之点，而是属于它内在的品质的。

中国劳动人民所创造的这样一座优美的、雄伟的建筑物，过去只供封建帝王愚民之用，现在回到了人民的手里，它的效能，充分地被人民使用了。1949 年 8 月，北京市第一届人民代表会议，就是在这里召开的。两年多来，这里开过各种会议百余次。这大殿是多么恰当地用作各种工作会议和报告的大礼堂！而更巧的是同社稷坛遥遥相对的太庙，也已用作首都劳动人民的文化宫了。

二、太庙——北京市劳动人民文化宫

北京市劳动人民文化宫是首都人民所熟悉的地方。它在天安门的左侧，同天安门右侧的中山公园正相对称。它所占的面积很大，南面和天安门在一条线上，北面背临着紫禁城前的护城河，西面由故宫前的东千步廊起，东面到故宫的东墙根止，东西宽度恰是紫禁城的一半。这里是四百零八年以前（明嘉靖二十三年，1544 年）劳动人民所辛苦建造起来的一所规模宏大的庙宇。它主要是由三座大殿、三进庭院所组成。此外，环绕着它的四周的，是一片蓊郁古劲的柏树林。

这里过去称作"太庙"（图 18-2），只是沉寂地供着一些死人牌位和一年举行几次皇族的祭祖大典的地方。1950 年国际劳动节，这里的大门上挂上了毛主席亲笔题的匾额——"北京市劳动人民文化宫"，它便活跃起来了。

图18-2　北京太庙享殿，现为北京市劳动人民文化宫

在这里面所进行的各种文化娱乐活动经常受到首都劳动人民的热烈欢迎，以至于这里林荫下的庭院和大殿里经常挤满了人，假日和举行各种展览会的时候，等待入门的行列有时一直排到天安门前。

在这里，各种文化娱乐活动是在一个特别美丽的环境中进行的。这个环境的特点有二：

（一）它是故宫中工料特殊精美而在四百多年中又丝毫未被伤毁的一个完整的建筑组群。

（二）它的平面布局是在祖国的建筑体系中，在处理空间的方法上最卓越的例子之一。不但是它的内部布局爽朗而紧凑，在虚实起伏之间构成一个整体，并且它还是故宫体系总布局的一个组成部分，同天安门、端门和午门有一定的关系。如果我们从高处下瞰，就可以看出文化宫是以一个广庭为核心，四面建筑物环抱，北面是建筑的重点。它不单是一座单独的殿堂，而是前后三殿：中殿与后殿都各有它的两厢配殿和前院；前殿特别雄大，有两重屋檐，三层石基，左右两厢是很长的廊庑，像两臂伸出抱拢着前面的广庭。南面的建筑很简单，就是入口的大门。在这全组建筑物之外，环绕着两重有琉璃瓦饰的红墙，两圈红墙之间，是一周苍翠的老柏树林。南面的树林是特别大的一片，造成浓荫，和北头建筑物的重点恰相呼应。它们所留出的主要空间就是那个可容万人以上的广庭，配合着两面的廊子。这样的一种空间处理，是非常适合于户外的集体活动的。这也是我们祖国建筑的优良传统之一。这种布局与中山公园中的社稷坛部分完全不同，但在比重上又恰是对称的。如果说社稷坛是一个四条神道由中心向外展开的坛（仅在北面有两座不高的殿堂），文化宫则是一个由四面殿堂廊屋围拢来的庙。这两组建筑物以端门前庭为锁钥，和午门、天安门是有机地联系着的。在文化宫里，如果我们由下往上看，不但可以看到北面重檐的正殿巍然而起，并且可以看到午门上的五凤楼一角正成了它的西北面背景，早晚云霞，金瓦翠飞，气魄的雄伟，给人极深刻的印象。

三、故宫三大殿

北京城里的故宫中间，巍然崛起的三座大宫殿是整个故宫的重点，"紫禁城"内建筑的核心。以整个故宫来说，那样庄严宏伟的气魄；那样富于组织性，又富于图画美的体形风格；那样处理空间的艺术；那样的工程技术，外表轮廓，和平面布局之间的统一的整体，无可否认的，它是全世界建筑艺术的绝品，它是一组伟大的建筑杰作，它也是人类劳动创造史中放出异彩的奇迹之一。我们有充足的理由，为我们这"世界第一"而骄傲。（图18-3）

三大殿的前面有两段作为序幕的布局，是值得注意的。第一段，由天安门，经端门到午门，两旁长列的"千步廊"是个严肃的开端。第二段在午门与太和门之间的小广场，更是一个美丽的前奏。这里一道弧形的金水河和河上五道白石桥，在黄瓦红墙的气氛中，北望太和门的雄劲，这个环

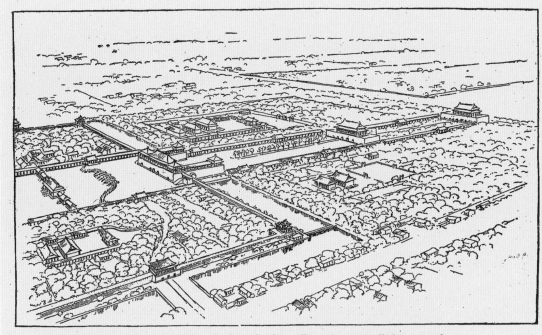

從天安門到午門　圖內第一重門是天安門；第二重門是端門；左面是勞勤人民文化宮，右面是中山公園；第三重門是午門。午門內是故宮三大殿。　(梁思成稿)

图18-3　梁思成手绘故宫全图

境适当地给三殿做了心理准备。

　　太和、中和、保和三座殿是前后排列着同立在一个庞大而崇高的工字形白石殿基上面的。这种台基过去称"殿陛"，共高二丈，分三层，每层有刻石栏杆围绕，台上列铜鼎等。台前石阶三列，左右各一列，路上都有雕镂隐起的龙凤花纹。这样大尺度的一组建筑物，是用更宏大尺度的庭院围绕起来的。广庭气魄之大是无法形容的。庭院四周有廊屋，太和与保和两殿的左右还有对称的楼阁和翼门，四角有小角楼。这样的布局是我国特有的传统，常见于美丽的唐宋壁画中。（图18-4）

　　三殿中，太和殿最大，也是全国最大的一个木构大殿。（图18-5）横阔十一间，进深五间，外有廊柱一列，全个殿内外立着八十四根大柱。殿顶是重檐的"庑殿式"瓦顶，全部用黄色的琉璃瓦，光泽灿烂，同蓝色天空相辉映。底下彩画的横额和斗栱，朱漆柱，金琐窗，同白石阶基也作了强

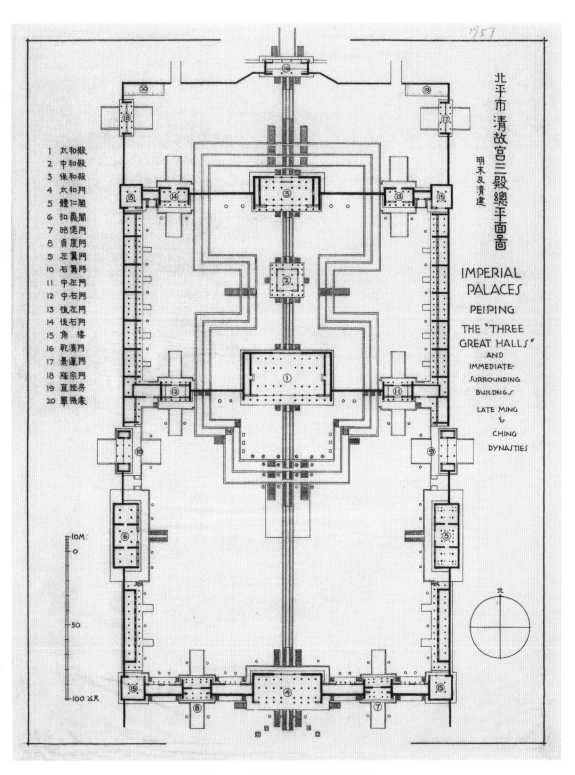

1957

北平市清故宮三殿總平面圖

明末及清建

IMPERIAL
PALACES
PEIPING
THE "THREE
GREAT HALLS"
AND
IMMEDIATE·
SURROUNDING
BUILDNGS
LATE MING
&
CHING
DYNASTIES

北

1 太和殿
2 中和殿
3 保和殿
4 太和門
5 體仁閣
6 弘義閣
7 昭德門
8 貞度門
9 左翼門
10 右翼門
11 中左門
12 中右門
13 後左門
14 後右門
15 角樓
16 乾清門
17 景運門
18 隆宗門
19 直班房
20 軍機處

10M.
0

50

100 公尺

图 18-4　北京清故宫三大殿平面图

图 18-5　北京故宫太和殿

烈的对比。这个殿建于康熙三十六年（1697 年），已有二百五十五岁，而结构整严完好如初。内部渗金盘龙柱和上部梁枋藻井上的彩画虽稍剥落，但仍然华美动人。

中和殿在工字基台的中心，平面为正方形，宋元工字殿当中的"柱廊"竟蜕变而成了今天的亭子形的方殿。屋顶是单檐"攒尖顶"，上端用渗金圆顶为结束。此殿是清初顺治三年（1646 年）的原物，比太和殿又早五十余年。（图 18-6）

保和殿立在工字形殿基的北端，东西阔九间，每间尺度又都小于太和殿，上面是"歇山式"殿顶，它是明万历的"建极殿"原物，未经破坏或重建的。至今上面童柱上还留有"建极殿"标识。它是三殿中年寿最老的，已有三百三十七年的历史。（图 18-7）

三大殿中的两殿，一前一后，中间夹着略为低小的单位所造成的格局，是它美妙的特点。要用文字形容三殿是不可能的，而同时因环境之大，摄影镜头很难把握这三殿全部的雄姿。深刻的印象，必须亲自进到那动人的环境中，才能体会得到。

图 18-6　北京故宫中和殿

图 18-7　北京故宫保和殿

四、北海公园

在二百多万人口的城市中，尤其是在布局谨严，街道引直，建筑物主要都左右对称的北京城市，会有像北海这样一处水阔天空、风景如画的环境，据在城市的心脏地带，实在令人料想不到，使人惊喜。初次走过横亘在北海和中海之间的金鳌玉蝀桥的时候，望见隔水的景物，真像一幅画面，给人的印象尤为深刻。耸立在水心的琼华岛，山巅白塔，林间楼台，受晨光或夕阳的渲染，景象非凡特殊，湖岸石桥上的游人或水面小船，处处也都像在画中。池沼园林是近代城市的肺腑，借以调节气候，美化环境，休

图 18-8　北京北海公园

息精神；北海风景区对全市人民的健康所起的作用是无法衡量的。北海在艺术和历史方面的价值都是很突出的，但更可贵的还是在它今天回到了人民手里，成了人民的公园。（图 18-8）

我们重视北海的历史，因为它也就是北京城历史重要的一段。它是今天的北京城的发源地。远在辽代（十一世纪初），琼华岛的地址就是一个著名的台，传说是"萧太后台"；到了金朝（十二世纪中），统治者在这里奢侈地为自己建造郊外离宫：凿大池，改台为岛，移北宋名石筑山，山巅建美丽的大殿。元忽必烈攻破中都，曾住在这里。元建都时，废中都旧城，选择了这离宫地址作为他的新城，大都皇宫的核心，称北海和中海为太液池。元的三个宫分立在两岸，水中前有"瀛洲圆殿"，就是今天的团城，北面有桥通"万岁山"，就是今天的琼华岛。岛立太液池中，气势雄壮，山巅广寒殿居高临下，可以远望西山，俯瞰全城，是忽必烈的主要宫殿，也是全城最突出的重点。明毁元三宫，建造今天的故宫以后，北海和中海的地位便不同了，也不那样重要了。统治者把两海改为游宴的庭园，称作"内苑"。广寒殿废而不用，明万历时坍塌。清初开辟南海，增修许多庭园建筑，北海北岸和东岸都有个别幽静的单位。北海面貌最显著的改变是在1651 年，琼华岛广寒殿旧址上，建造了今天所见的西藏式白塔。岛正南半山殿堂也改为佛寺，由石阶直升上去，遥对团城。这个景象到今天已保持整整三百年了。

北海布局的艺术手法是继承宫苑创造幻想仙境的传统，所以它以琼华岛仙山楼阁的姿态为主：上面是台殿亭馆；中间有岩洞石室；北面游廊环抱，廊外有白石栏楯，长达三百米；中间漪澜堂，上起轩楼为远帆楼，和北岸的五龙亭隔水遥望，互见缥缈，是本着想象的仙山景物而安排的。湖心本植莲花，其间有画舫来去。北岸佛寺之外，还作小西天，又受有佛教画的影响。其他如桥亭堤岸，多少是模拟山水画意。北海的布局是有着丰富的艺术传统的。它的曲折有趣、多变化的景物，也就是它最得游人喜爱的因素。同时更因为它的水面宏阔，林岸较深，尺度大，气魄大，最适合于现代青年假期中的一切活动：划船、滑水、登高远眺，北海都有最好的条件。

五、天坛

天坛在北京外城正中线的东边，占地差不多四千亩，围绕着有两重红色围墙。墙内茂密参天的老柏树，远望是一片苍郁的绿荫。由这树林中高高耸出深蓝色伞形的琉璃瓦顶，它是三重檐子的圆形大殿的上部，尖端上闪耀着涂金宝顶。这是祖国一个特殊的建筑物，世界闻名的天坛祈年殿。由南方到北京来的火车，进入北京城后，车上的人都可以从车窗中见到这个景物。它是许多人对北京文物建筑最先的一个印象。

天坛是过去封建主每年祭天和祈祷丰年的地方，但它也是过去辛勤的劳动人民用血汗和智慧所创造出来的一种特殊且美丽的建筑类型，在今天有着无比的艺术和历史价值。

天坛的全部建筑分成简单的两组，安置在平舒开朗的环境中，外周用深深的树林围护着。南面一组主要是祭天的大坛，称作"圜丘"，和一座不大的圆殿，称"皇穹宇"。北面一组就是祈年殿和它的后殿——皇乾殿、东

图 18-9 北京天坛圜丘

西配殿和前面的祈年门。这两组相距约六百公尺，由一条白石大道相连。两组之外，重要的附属建筑只有向东的"斋宫"一处。外面两周的围墙，在平面上南边一半是方的，北边一半是半圆形的。这是根据古代"天圆地方"的说法而建筑的。

圜丘（图18-9）是祭天的大坛，平面正圆，全部白石砌成；分三层，高约一丈六尺；最上一层直径九丈，中层十五丈，底层二十一丈。每层有石栏杆绕着，三层栏板共合成三百六十块，象征"周天三百六十度"。各层四面都有九步台阶。这座坛全部尺寸和数目都用一、三、五、七、九的"天数"或它们的倍数，是最典型的封建迷信结合的要求。但在这种苛刻条件下，智慧的劳动人民却在造型方面创造出一个艺术杰作。这座洁白如雪、重叠三层的圆坛，周围环绕着玲珑像花边般的石刻栏杆，形体是这样的美丽，它永远是个可珍贵的建筑物，点缀在祖国的地面上。

圜丘北面棂星门外是皇穹宇（图18-10）。这座单檐的小圆殿的作用是存放神位木牌（祭天时"请"到圜丘上面受祭，祭完送回）。最特殊的是它

图18-10　北京天坛皇穹宇

图 18-11　北京天坛祈年殿

外面周绕的围墙，平面做成圆形，只在南面开门。墙面是精美的磨砖对缝，所以靠墙内任何一点，向墙上低声细语，他人把耳朵靠近其他任何一点，都可以清晰地听到。人们都喜欢在这里做这种"声学游戏"。

祈年殿（图 18-11、图 18-12）是祈谷的地方，是个圆形大殿，三重蓝色琉璃瓦檐，最上一层上安金顶。殿的建筑用内外两周的柱，每周十二

图 18-12　梁思成与林徽因在北京天坛祈年殿屋顶

根，里面更立四根"龙井柱"。圆周十二间都安格扇门，没有墙壁，庄严中呈现玲珑。这殿立在三层圆坛上，坛的样式略似圜丘而稍大。

天坛部署的规模是明嘉靖年间制定的。现存建筑中，圜丘和皇穹宇是清乾隆八年（1743 年）所建。祈年殿在清光绪十五年雷火焚毁后，又在第二年（1890 年）重建。祈年门和皇乾殿是明嘉靖二十四年（1545 年）原物。现在祈年门梁下的明代彩画是罕有的历史遗物。

六、颐和园

在中国历史中，城市近郊风景特别好的地方，封建主和贵族豪门等总要独霸或强占，然后再加以人工的经营来做他们的"禁苑"或私园。这些著名的御苑、离宫、名园，都是和劳动人民的血汗和智慧分不开的。他们凿了池或筑了山，建造了亭台楼阁，栽植了树木花草，布置了回廊曲径、桥梁水榭，在许许多多巧妙的经营与加工中，才把那些离宫或名园提到了高度艺术的境地。现在，这些可宝贵的祖国文化遗产，都已回到人民手里了。

北京西郊的颐和园，在著名的圆明园被帝国主义侵略军队毁了以后，是中国四千年封建历史里保存到今天的最后的一个大"御苑"。颐和园周围十三华里，园内有山有湖。倚山临湖的建筑单位大小数百，最有名的长廊，东西就长达一千几百尺，共计二百七十三间。

颐和园的湖、山基础，是经过金、元、明三朝所建设的。清朝规模最大的修建开始于乾隆十五年（1750年），当时本名清漪园，山名万寿，湖名昆明。1860年，清漪园和圆明园同遭英法联军毒辣的破坏。前山和西部大半被毁，只有山巅琉璃砖造的建筑和"铜亭"得免。

前山湖岸全部是光绪十四年（1888年）所重建。那时西太后那拉氏专政，为自己做寿，竟挪用了海军造船费来修建，改名颐和园。

颐和园规模宏大，布置错杂，我们可以分成后山、前山、东宫门、南湖和西堤等四大部分来了解它。

第一部分后山，是清漪园所遗留下的艺术面貌，精华在万寿山的北坡和坡下的苏州河。东自"赤城霞起"关口起，山势起伏，石路回转，一路在半山经"景福阁"到"智慧海"，再向西到"画中游"。一路沿山下河岸，处处苍松深郁或桃树错落，是初春清明前后游园最好的地方。山下小河（或称后湖）曲折，忽狭忽阔；沿岸模仿江南风景，故称"苏州街"，河也名"苏州河"。正中北宫门入园后，有大石桥跨苏州河上，向南上坡是"后大庙"旧址，今称"须弥灵境"。这些地方，今天虽已剥落荒凉，但环境幽

图 18-13　北京颐和园万寿山

静，仍是颐和园最可爱的一部分。东边"谐趣园"是仿无锡惠山园的风格，当中荷花池，四周有水殿曲廊，极为别致。西面通到前湖的小苏州河，岸上东有"买卖街"（现已不存）[①]，俨如江南小镇。更西的长堤垂柳和六桥是仿杭州西湖六桥建设的。这些都是模仿江南山水的一个系统的造园手法。

　　第二部分前山湖岸上的布局，主要是排云殿、长廊和石舫。（图 18-13）排云殿在南北中轴线上（图 18-14）。这一组由临湖一座牌坊起，上到排云殿，再上到佛香阁；倚山建筑，巍然耸起，是前山的重点。佛香阁是八角钻尖顶的多层建筑物，立在高台上，是全山最高的突出点。这一组建筑的左右还有"转轮藏"和"五方阁"等宗教建筑物。附属于前山部分的还有米山上的几处别馆如"景福阁""画中游"等。沿湖的长廊和中线呈丁字形；西边长廊尽头处，湖岸转北到小苏州河，傍岸处就是著名的"石舫"，名清宴舫。前山着重侈大、堂皇富丽，和清漪园时代重视江南山水的曲折

---

① 1860 年，买卖街被英法联军烧毁，1990 年在遗址上复建。

图18-14 北京颐和园排云殿

大不相同；前山的安排，是"仙山蓬岛"的格式，略如北海琼华岛，建筑物倚山层层上去，成一中轴线，以高耸的建筑物为结束。湖岸有石栏和游廊。对面湖心有远岛，以桥相通，也如北海团城。只是岛和岸的距离甚大，通到岛上的十七孔长桥，不在中线，而由东堤伸出，成为远景。

第三部分是东宫门入口后的三大组主要建筑物：一是向东的仁寿殿，它是理事的大殿；二是仁寿殿北边的德和园，内中有正殿、两廊和大戏台；三是乐寿堂，在德和园之西。这是那拉氏居住的地方。堂前向南临水有石台石阶，可以由此上下船。这些建筑拥挤繁复，像城内府第，堵塞了入口，向后山和湖岸的合理路线被建筑物阻挡割裂。今天游园的人，多不知有后山，进仁寿殿或德和园之后，更有迷惑在院落中的感觉，直到出了荣寿堂西门，到了长廊，才豁然开朗，见到前面的湖山。这一部分的建筑物为全园布局上的最大弱点。

　　第四部分是南湖洲岛和西堤。岛有五处，最大的是月波楼一组，或称龙王庙，有长桥通东堤。（图18-15）其他小岛非船不能达。西堤由北而南成一弧线，分数段，上有六座桥。这些都是湖中的点缀，为北岸的远景。

图18-15　北京颐和园十七孔桥

下篇

—

建筑的体系秩序

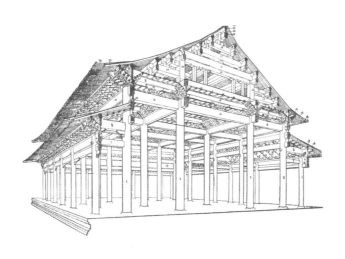

第 19 讲
建筑的民族形式

在近一百年以来，自从鸦片战争以来，自从所谓"欧化东渐"以来，更准确一点地说，自从帝国主义侵略中国以来，在整个中国的政治、经济、文化中，带来了一场大改变，一场大混乱。这个时期整整延续了一百零九年。在 1949 年 10 月 1 日中国的人民已向全世界宣告了这个时期的结束。另一个崭新的时代已经开始了。

过去这一百零九年的时期是什么时期呢？就是中国的半殖民地时期。这时期中国的政治经济情形是大家熟悉的，我不必在此讨论。我们所要讨论的是这个时期文化方面，尤其是艺术方面的表现。而在艺术方面我们的重点就是我们的本行方面、建筑方面。我们要检讨分析建筑艺术在这时期中的发展，如何结束，然后看：我们这新的时代的建筑应如何开始。

在中国五千年的历史中，我们这时代是一个第一伟大的时代，第一重要的时代。这不是一个改朝换姓的时代，而是一个彻底革命，在政治经济制度上彻底改变的时代。我们这一代是中国历史中最荣幸的一代，也是所负历史的任务最重大的一代。在创造一个新中国的努力中，我们这一代的每一个人都负有极大的任务。

在这创造新中国的任务中，我们在座的同仁的任务自然是创造我们的新建筑。这是一个极难的问题。老实说，我们全国的营建工作者恐怕没有一个人知道怎样去做，所以今天提出这个问题，同大家检讨一下，同大家一同努力寻找一条途径，寻找一条创造我们建筑的民族形式的途径。

我们要创造建筑的民族形式，或是要寻找创造建筑的民族形式的途径，我们先要了解什么是建筑的民族形式。

大家在读建筑史的时候，常听的一句话是"建筑是历史的反映"，即每一座建筑物都忠实地表现了它的时代与地方。这句话怎么解释呢？就是当时彼地的人民会按他们生活中物质及意识的需要，在运用他们原来的建筑技术的基础上，利用他们周围一切的条件去取得、选择材料，来完成他们所需要的各种的建筑物。所以结果总是把当时彼地的社会背景和人们所遵循的思想体系经由物质的创造赤裸裸地表现出来。

我们研究建筑史的时候，我们对于某一个时代的作风的注意不单是注意它材料结构和外表形体的结合，而且是同时通过它见到当时彼地的生活情形、劳动技巧和经济实力思想内容的结合，欣赏它们的在渗合上成功或看出它们的矛盾所产生的现象。

所谓建筑风格，或是建筑的时代的、地方或民族的形式，就是建筑的整个表现。它不只是雕饰的问题，而更基本的是平面部署和结构方法的问题。这三个问题是互相牵制着的。所以寻找民族形式的途径，要从基本的平面部署和结构方法上去寻找。而平面部署及结构方法之产生则是当时彼地的社会情形之下的生活需要和技术所决定的。

依照这个理论，让我们先看看古代的几种重要形式。

第一，我们先看一个没有久远的文化传统的例子——希腊。在希腊建筑形成了它特有的风格或形式以前，整个地中海的东半已有了极发达的商业交流以及文化交流。所以在这个时期的艺术中，有许多"国际性"的特征和母题。在 Crete 岛上有一种常见的"圆窠"花，与埃及所见的完全相同。埃及和亚述的"凤尾草"花纹是极其相似的。

当希腊人由北方不明的地区来到希腊之后，他们吸收了原有的原始民族及其艺术，费了相当长的时间把自己巩固起来。Doric order 就是这个巩固时期的最忠实的表现。关于它的来源，推测的论说很多，不过我敢大胆地说，它是许多不同的文化交流的产品，在埃及 Beni-Hasan 的崖墓和爱琴建筑中我们都可以追溯得一些线索。它是原始民族的文化与别处文化的混血儿。但是它立刻形成了希腊的主要形式，在希腊早期，就是巩固时期，它是唯一的形式。

等到希腊民族在希腊半岛上渐渐巩固起来之后，才渐渐放胆与远方来往。这时期的表现就是 Ionic 和 Corinthian order 之出现与使用，这两者都是由地中海东岸传入希腊的。当时的希腊人毫不客气地东拉西扯地借取别的文化果实。并且由他们本来的木构型成改成石造。他们并没有创造自己民族艺术的意思，但因为他们善于运用自己的智慧和技能，使它适合于自己的需要，使它更善更美，他们就创造了他们的民族形式。这民族形式不只是表现在立面上。假使你看一张希腊建筑平面图，它的民族特征是同样的显著而不会被人错认的。

其次，我们可以看一个接受了已有文化传统的建筑形式——罗马。罗马人在很早的时期已受到希腊文化的影响，并且已有了相当进步的工程技术。等到他们强大起来之后，他们就向当时艺术水平最高的希腊学习，吸收了希腊的格式，以适应于他们自己的需要。他们将希腊和 Etruscan 的优点联合起来，为适应他们更进一步的生活需要，以高水准的工程技术，极谨慎的平面部署，极其华丽丰富的雕饰，创造了一种前所未有的建筑形式。

我们可以再看一个历史的例子——法国的文艺复兴。在十五世纪末叶，法王查尔斯（Charles）七世、路易十二世、Francis 一世多次地侵略意大利，在军事、政治上虽然失败，但是文化的收获却甚大。

当时的意大利是全欧文化的中心，法国的人对它异常地倾慕，所以不遗余力地去模仿。但是当时法兰西已有了一种极成熟的建筑，正是 Gothic 建筑"火焰纹时期"的全盛时代，他们已有了根深蒂固的艺术和技术的传统，更加以气候之不同，所以在法国文艺复兴初期，它的建筑仍然是从骨子里是本土的、民族的。大面积的窗子，陡峻的屋顶，以及他们生活所习惯的平面部署，都是法兰西气候所决定的。

一直到了十七世纪，法国的文复式建筑，而对于罗马古典样式已会极娴熟的应用，成熟了他法国的一个强有民族性的样式，但是他们并不是故意地为发扬民族精神而那样做，而是因为他们的建筑师们能采纳吸收他们所需要的美点，以适应他们自己的条件、材料、技术和环境。

历史上民族形式的形成都不是有意创造出来的，而是经过长期的演变而形成的。其中一个主要的原因就是当时的艺术创造差不多都是不自觉的，一切都在不自觉中形成。

但是自从十九世纪以来，因为史学和考古学之发达，因为民族自觉性之提高，环境逼迫着建筑师们不能如以往的"不识不知"地运用他所学得的、唯一的方法去创造。

图 19-1 湖南湘西凤凰古城

在十九世纪中，考古学的智识引诱着建筑师自觉地去仿古或集古；第一次世界大战以后许多极端主义的建筑师却否定了一切传统。每一个建筑师在设计的时候，都在自觉地创造他自己的形式，这是以往所没有的现象。个人自由主义使近代的建筑成为无纪律的表现。

每一座建筑物本身可能是一件很好的创作，但是事实上建筑物是不能脱离了环境而独善其身的。结果，使得每一个城市成为一个千奇百怪的假古董摊，成了一个建筑奇装跳舞会。请看近来英美建筑杂志中多少优秀的作品，在它单独本身上的优秀作品，都是在高高的山崖上，葱幽的密林中，或是无人的沙漠上。这充分表明了个人自由主义的建筑之失败，它经不起城市环境的考验，只好逃避现实，脱离群众，单独地去寻找自己的世外桃源。

在另一方面，资本主义的土地制度，使资本家将地皮切成小方块，一块一块地出卖，唯一的目的在利润，使得整个城市成为一张百衲被，没有秩序，没有纪律。

十九世纪以来日益发达的交通，把欧美的建筑病传染到中国来了，在一个多世纪的长期间，中国人完全失掉了自信心，一切都是外国的好，养成了十足的殖民地心理。在艺术方面丧失了鉴别的能力，一切的标准都乱了。把家里的倪云林或沈石田丢掉，而挂上一张太古洋行的月份牌。

建筑师们对于本国的建筑毫无认识，把在外国学会的一套罗马式、文艺复兴式硬生生地搬到中国来。这还算是好的。至于无数的店铺，将原有壮丽的铺面拆掉，改做"洋式"门面，不能取得"洋式"的精华，只抓了一把渣滓，不是在旧基础再取得营养，而是把自己的砸了又拿不到人家的好东西，彻底地表现了殖民地的性格。这一百零九年可耻的时代，赤裸裸地在建筑上表现了出来。

在 1920 年前后，有几位做惯了"集仿式"（Eclecticism）的欧美建筑师，居然看中了中国建筑也有可取之处，开始用他们做各种样式的方法，来做他们所谓"中国式"的建筑。他们只看见了中国建筑的琉璃瓦顶，金碧辉煌的彩画，千变万化的窗格子。

做得不好的例就是他们就盖了一座洋楼，上面戴上琉璃瓦帽子，檐下画了些彩画，窗上加了些菱花，也许脚底下加了一个汉白玉的须弥座。不伦不类，犹如一个穿西装的洋人，头戴红缨帽，胸前挂一块缙子，脚上穿一双朝靴，自己以为是一个中国人！

协和医院，救世军，都是这一类的例子。燕京大学学得比较像一点，却是请你去看：有几处山墙上的窗子，竟开到柱子里去了。南京金陵大学的柱头上却与斗栱完全错过。这真正是皮毛的、形式主义的建筑。中国建筑的基本特征他们丝毫也没有抓住。在南京，在上海，有许多建筑师们也卷入了这个潮流，虽然大部分是失败的，但也有几处差强人意的尝试。

现在那个时期已结束了，一个新的时代正在开始。我们从事于营建工作的人，既不能如古代的匠师们那样不自觉地做，又不能盲目地做宫殿式的仿古建筑，又不应该无条件地做洋式建筑。怎么办呢？我们唯有创造我们自己的民族形式的建筑。

我们创造的方向，在共同纲领第四十一条中已为我们指出。"中华人民共和国的文化教育为新民主主义的，即民族的，科学的，大众化的文化教育。"我们的建筑就是"新民主主义的，即民族的，科学的，大众化的建筑"。这是我们的纲领，是我们的方向，我们必须使其实现。怎样实现它就是我们的大问题。

从建筑学的观点上看，什么是民族的，科学的，大众化的？我们可以说：有民族的历史、艺术、技术的传统，用合理的、现代工程科学的设计技术与结构方法，为适应人民大众生活的需要的建筑就是民族的，科学的，大众化的建筑。这三个方面乍看似各不相干，其实是互相密切的关联，难于分划的。

在设计的程序上，我们须将这次序倒过来。我们第一步要了解什么是大众化，就是人民的需要是什么。人民的生活方式是什么样的，他们在艺术的，美感的方面的需要是什么样的。在这里我们营建工作者担负了一个重要的任务，一个繁重困难的任务。这任务之中充满了矛盾。

一方面我们要顺从人民的生活习惯，使他们的居住的环境适合于他们的习惯。在另一方面，生活中有许多不良习惯，尤其是有碍卫生的习惯，我们不唯不应去顺从他，而且必须在设计中去纠正它。建筑虽然是生活方式的产品，但是生活方式也可能是建筑的产品。它们有互相影响的循环作用。因此，我们建筑师手里便掌握了一件强有力的工具，我们可以改变人民的生活习惯，可以将它改善，也可以助长恶习惯，或延长恶习惯。

但是生活习惯之中，除去属于卫生健康方面者外，大多是属于社会性的，我们难于对它下肯定的批判。举例说：一直到现在有多数人民的习惯还是大家庭，祖孙几代，兄弟姊娌几多房住在一起。它有封建意味，会养成家族式的小圈子。但是在家族中每个人的政治意识提高之后，这种小圈子便不一定是不好的。假使这一家是农民，田地都在一起，我们是应当用建筑去打破他们的家庭，抑或去适应他们的习惯？这是应该好好考虑的。又举一个例：中国人的菜是炒的，必须有大火苗，若将厨房电气化，则全国人都只能吃蒸的、煮的、熬的、烤的菜，而不能吃炒菜，这是违反了全中国人的生活习惯的。我个人觉得必须去顺从它。

现在这种生活习惯一方面继续存在，其中一部分在改变中，有些很急剧，有些很迟缓，另有许多方面可能长久地延续下去。做营建工作者必须了解情况，用我们的工具，尽我们之可能，去适应而同时去改进人们大众的生活环境。

这一步工作首先就影响到设计的平面图。假使这一步不得到适当的解决，我们就无从创造我们的民族形式。

科学化的建筑首先就与大众化不能分离的。我们必须根据人民大众的需要，用最科学化的方法部署平面。次一步按我们所能得到的材料，用最经济、最坚固的结构方法将它建造起来。在三个方面中，这方面是一个比较单纯的技术问题。我们须努力求其最科学的，忠于结构的技术。

在达到上述两项目的之后，我们才谈得到历史艺术的技术的传统。建筑艺术和技术的传统又是与前两项分不开的。

在平面的部署上，我们有特殊的民族传统。中国的房屋由极南至极北，由极东到极西，都是由许多座建筑物，四面围绕着一个院子而部署起来的。

它最初的起源无疑的是生活的需要所形成。形成之后，它就影响到生活的习惯，成为一个传统。

陈占祥先生分析中国建筑的部署；他说，每一所宅子是一个小城，每一个城市是一个大宅子。因为每一所宅子都是多数单座建筑配合组成的，四周绕以墙垣，是一个小规模的城市，而一个城市也是用同一原则组成的。这种平面部署就是我们基本民族形式之一重要成分。它是否仍适合于今日生活的需求？今日生活的需求可否用这个传统部署予以合理适当的解决？这是我们所要知道的。

其次是结构的问题。中国建筑结构之最基本特点在使用构架法。中国建筑系统之所以能适用于南北极端不同之气候就因为这种结构法所给予它在墙壁门窗分配比例上以几乎无限制的灵活运用的自由。它影响到中国建筑的平面部署。

凑巧的，现代科学所产生的 R.C. 及钢架建筑的特征就是这个特征。但这所用材料不同，中国旧的是木料，新的是 R.C. 及钢架，在这方面，我们怎样将我们的旧有特征用新的材料表现出来。这种新的材料，和现代生活的需要，将影响到我们新建筑的层数和外表。新旧之间有基本相同之点，但在施工技术上又有极大的距离。我们将如何运用和利用这个基本相同之点，以产生我民族形式的骨干？这是我们所必须注意的。在外国人所做中国式建筑中，能把握这个要点的唯有北海北京图书馆。但是仿古的气味仍极浓厚。我们应该寻找自己恰到好处的标准。

第 20 讲

安居在有机秩序中

　　凡是一个机构，必须有组织有秩序方能运用收效。人类群居的地方，所谓市镇者，无论是由一个小村落漫长而成（如古代的罗马，近代的伦敦），或是预先计划，按步建造（如古之长安，今之北平、华盛顿），也都是一种机构。这机构之最高目的在使居民得到最高度的舒适，在使居民工作达到最高度的效率，就是古谚所谓使民"安居乐业"四个字。但若机构不健全，则难期达到目的。

　　使民"安居乐业"是一个经常存在的社会问题，而在战后之中国，更是亟待解决。在我国历史上，每朝兴华，营国筑室，莫不注重民居问题。汉高祖定都关中，"起五里于长安城中，宅二百区以居贫民。"[①] 隋文帝以"京城宫阙之前，民居杂处，不便放民，于是皇城之内，唯列府寺，不使杂人居止。"[②] 虽如后周世宗营建汴京，尚且下诏说："闾巷隘狭，多火烛之忧；每遇炎蒸，易生疫疾。"所以"开广都邑，展行街坊"时，他知道这工作之困难与可能遇到的阻力，所以引申的解说，"虽然暂劳，久成大利……胜通

---

① 汉高祖定都关中，"起五里于长安……"笔误。此为汉平帝二年（2 年）事，见《汉书·平帝本纪》。——编者注
② 隋文帝以"京城宫阙之前……"引自宋敏求《长安志》卷七，"唐皇城"注文。——编者注

览康衢，更思通济。"① 现在我们适承大破坏之后，复员开始，回看历史建设的史实，前望我们民族将来健康与工作效率所维系，能不致力于复兴市镇之计划？

市镇计划（city planning）虽自古已有，但因各时代生活方式之不同，其观念与着重点时有改变。近数十年来，因受了拿破仑三世时巴黎知事郝斯曼②开辟广直的通衢，安置凯旋门或铜像一类的点缀品的影响，社会上竟误认这类市容的装饰与点缀为"市镇计划"实现之本身，实是莫大的错误。殊不知1850年的法国，方在开始现代化，还未完全脱离中世纪的生活方式。且在革命骚乱之后，火器刚始发明之时，为维持巴黎社会之安宁与秩序，便利炮车骑兵之疾驰，必须拆除城垣，广开干道。在干道两旁，虽建立制式楼屋，以撑门面，而在楼后湫隘拥挤的小巷贫居，却是当时地方官所不感兴趣的问题。

现代的国家，如英美，以人民的安适与健康为前提，人民生活安适，身心健康，工作效率自然增高。如苏联，以生产量为前提，为求生产效率之增高，必先使人民生活安适，身心健康。无论着重点在哪方面，孰为因果，而人民安适与健康是必须顾到的。假如居住的问题不得合理的解决，则安适与健康无从说起。而居住的问题，又不单是一所住宅或若干所住宅的问题，就是市镇计划的问题。所以市镇计划是民生基本问题之一，其优劣可以影响到一个区域乃至整个市镇的居民的健康和社会道德、工作效率。

中世纪的市镇，其第一要务是保障居民之安全，安全之第一威胁是外来的攻击，其对策是坚厚的城墙，深阔的壕沟为防御。至于工作，都是小的手工业；交通工具只有牛马车，或驮牲与人力；科学知识未发达，对于卫生上所需的光线与空气既无认识，更谈不到设计；高的疾病死亡率，低的生产率，比起防御攻击之重要，不可同日而语，幸而中世纪的市镇，人

---

① 后周世宗营建汴京，……引自《册府元龟》卷十四，"帝王部，都邑二"，显德三年诏。——编者注

② 郝斯曼，G.E.Haussmann（1809—1861），现通译奥斯曼，时任法国塞纳区行政长官。——编者注

图 20-1　江苏周庄古镇

口虽然稠密，面积却总很小，所以林野之趣，并不难得。人类几千年来，在那种情形的市镇里亦能生活，产生灿烂的文化。

　　但自十九世纪后半以来，市镇发生了史无前例的发展，大工业的发达与铁路之建造，促成了畸形的人口集中，在工厂四周滋生了贫民窟（slum），豢养疫疾，制造罪恶。因交通工具之便利，产生了都市中的车辆流通问题，在早、午、晚上班、下班的时候，造成惊人的拥挤现象，因贫民窟之容易滋生，使房屋地皮落价，影响市产价值。凡此种种，已是欧美都市的大问题。而在中国，因工业落后，除去津、沪、汉、港等大都市外，尚少这种现象发生。

　　但在抗战胜利建国开始的关头，我们国家正将由农业国家开始踏上工业化大道，我们的每一个市镇都到了一个生长程序中的"青春时期"。假使我们工业化进程顺利发育，则在今后数十年间，许多的市镇农村恐怕要经历到前所未有的突然发育，这种发育，若能预先计划，善予辅导，使市镇发展为有秩序的组织体，则市镇健全，居民安乐，否则一旦错误，百年难改，居民将受其害无穷。

一个市镇是会生长的，它是一个有机的组织体。在自然界中，一个组织体是由多数的细胞合成，这些细胞都有共同的特征，有秩序地组合而成物体，若是细胞健全，有秩序地组合起来，则物体健全。若细胞不健全，组合秩序混乱，便是疮疥脓包。一个市镇也如此。它的细胞是每个的建筑单位，每个建筑单位有它的特征或个性，特征或个性过于不同者，便不能组合为一体。若使勉强组合，亦不能得妥善的秩序，则市镇之组织体必无秩序，不健全。

所以市镇之形成程序中，必须时时刻刻顾虑到每个建筑单位之特征或个性；顾虑到每个建筑单位与其他单位间之相互关系（correlation），务使市镇成为一个有机的秩序组织体。古今中外健全的都市村镇，在组织上莫不是维持并发展其有机的体系秩序的。近百年来欧美多数大都市之发生病症，就是因为在社会秩序经济秩序突起变化时期，千万人民的幸福和千百市镇的体系，试验出了他们市镇体系发展秩序中的错误，我们应知借鉴，力求避免。

上文已经说过，欧美市镇起病主因在人口之过度集中，以致滋生贫民区，发生车辆交通及地产等问题。最近欧美的市镇计划，都是以"疏散"（decentralization）为第一要义。然而所谓"疏散"，不能散漫混乱。所以美国沙理能（Eliel Saarinan）教授提出"有机性疏散"（organic decentralization）之说。而我国将来市镇发展的路径，也必须以"有机性疏散"为原则。

这里所谓"有机性疏散"是将一个大都市"分"为多数的"小市镇"或"区"之谓。而在每区之内，则须使居民的活动相当集中。人类活动有日常活动与非常活动两种：日常活动是指其维持生活的活动而言，就是居住与工作的活动。区内之集中，是以其居民日常生活为准绳。区之大小以使居民的住宅与工作地可以短时间——约二十分钟——步行达到为准。

在这区之内，其大规模的工商业必需的建置，如学校、医院、图书馆、零售商店、菜市场、饮食店、娱乐场、游戏场等，在区内均应齐备，使成为一个自给自足的"小市镇"。在区与区之间，设立"绿荫地带"，作为公园，为居民游息之所。务使一个大都市成为多数"小市镇"——区——的集合体，在每区之内将人口稠密度以及面积加以严格的限制，不使成为一个庞大无限量的整体。

现在欧美的大都市大多是庞大的整体。工商业中心的附近大多成了"贫民区"。较为富有的人多避居郊外，许多工人亦因在工作地附近找不到住处，所以都每日以两小时的时间耗费在火车、电车或汽车上，在时间、精力与金钱上都是莫大的损失。伦敦七百万人口中，有十万人以运输别人为职业（市际交通及货物运输除外），在人力、物力双方是何等的不经济。现在伦敦市政当局正谋补救，而其答案则为"有机性疏散"。但是如伦敦、纽约那样的大城市，若要完成"有机性疏散"的巨业，恐怕至少要五六十年。

现在我们既见前车之鉴，将来新兴的工商业中心，尤其是工业中心，必须避蹈覆辙。县市当局必须视各地工商业发展之可能性，预为分区，善予辅导，否则一朝错误，子孙吃苦，不可不慎。

至于每区之内，虽以工厂或商业机构或行政机构为核心，但市镇设计人所最应注意者乃在住宅问题。因为市镇之主要功用既在使民安居乐业，则市镇之一切问题，应以人的生活为主，而使市镇之体系方面随之形成。

生活的问题解决须同时并求身心的健康。欲求身心健康，不唯要使每个人的居室舒适清洁，而且必须使环境高尚。我们要使居住的环境有促进居民文化水准的力量。我们必须注意到物质环境对于居民道德精神的影响。所以我们不求在颓残污秽的贫民区里建立一座奢华的府第，因为建筑是不能独善其身的，它必须择邻。

我们计划建立市镇时，务须将每一座房屋与每一个"邻舍"间建立善美的关系，我们必须建立市镇体系上的"形式秩序"（form—order），在善美有规则的形式秩序之中，自然容易维持善美的"社会秩序"（social—order）。这两者有极强的相互影响力。犹之演剧，必须有适宜的舞台与布置，方能促成最高艺术之表现：而人生的艺术，更是不能脱离其布景（环境）而独臻善美的。同时，更因人类亦有潜在的"反文化性"，趋向卑下与罪恶，若有高尚的市镇体系秩序为环境，则较适宜于减少或矫正这种恶根性。孟母三迁之意或即在此。

关于住宅区设计的技术方面，这里不能详细地讨论，但是几个基本原则，是保护居民身心健康所必需。

一、建筑居室不只求身体的舒适，必亦使精神愉快；因为精神不愉快则不能有健康的身体。所以居室建筑必顾及身心两方面的舒适。

二、每个民族有生活传统的习惯，居室建筑必须适合社会的方式（这习惯当然不是指随地吐痰便溺一类的恶习惯而言，乃其是指家庭组织、婚丧礼节传统而言）。改变建筑固然可收改变生活之效，但完全不予以适合，则居室便可成为不合用的建筑。

三、每区内之分划（subdivision），切不可划作棋盘，必须善就地形，并与全市交通干道枢纽等取得妥善的关系，以保障住宅区之宁静与路上安全，区内各部分，视其不同之性质，规定人或建筑面积之比例，以保障充分的阳光与空气。

四、在住宅之内，我们要使每一个居民的寝室与工作室分别，在寝室内工作或在工作室内睡觉是最有害健康的布置。

五、我们要提出"一人一床"的口号。现在中国有四万万五千万人，试问其有多少张床？无论市镇乡村，我们随时看见工作的人晚上就在工作室中，或睡桌子，或打地铺。这种生活是奴隶的待遇。为将来的人民，我们要求每人至少晚上须有床睡觉。若是连床都没有，我们根本谈不到提高生活程度，更无论市镇计划。

六、我们要使每个市镇居民得到最低限度的卫生设备。我们不一定家家有澡盆，但必须家家有自来水与抽水厕所。我们必须打倒马桶。因此，市镇建设中给水与泄水都是最重要的先决问题。

有了使人身心安适的住宅，便可增进家庭幸福，可以养育身心健康的儿童，或为强健高尚的国民，养成自尊自爱的民族性。

为达到使人民安居乐业，我们要致力于市镇体系秩序之建立，以为建立社会秩序的背景。为达到市镇体系秩序之建立，我们要每一个县城市镇都应有计划的机关，先从事于社会经济之调查研究，然后设计；并规定这类调查研究工作，为每一县市经常设立的机关；根据历年调查统计，每五年或十年将计划加以修正。凡市镇一切建设必须依照计划进行。为达到此目的，各地方政府必须立法，预为市镇扩充而扩大其行政权；控制地价；登记土地之转让；保护"绿荫地带"之不受侵害；控制设计样式。凡此法例规程，在不侵害个人权益前提之下，必须市镇得为整个机构而计划之。这不只是官家的事，而是每个市镇居民幸福所维系，其成败实有赖市镇里每个居民的合作。

最后我们还要附带地提醒：为实行改进或辅导市镇体系的长成，为建立其长成中的体系秩序，我们需要大批专门人才，专门建筑（不是土木工程）或市镇计划的人才。但是今日中国各大学中，建筑系只有两三处，市镇计划学根本没有。今后各大学的增设建筑系与市镇计划系，实在是改进并辅导形成今后市镇体系秩序之基本步骤。这却是教育当局的责任了。

附录一
古建筑鉴别总原则

木建筑鉴别总原则

1. 凡各地庙宇大多为百年以上物，宜一律保护。

2. 凡用黄色或绿色琉璃瓦者，均为宫殿或重要庙宇。

3. 各县用黄琉璃瓦者大多为文庙。

4. 凡用四阿或歇山顶者，大多为宫殿或庙宇，民居均用挑山。

5. 主要建筑物檐下多用斗栱，其斗栱大而疏者年代古，小而密者年代近。

6. 凡用月梁之建筑年代多较古，但直梁亦为古代所通用。

7. 凡梁上用叉手者多为十四世纪（明初）以前物；明以后多用侏儒柱，不用叉手。

8. 柱础作覆盆刻莲瓣或花纹者多十三世纪（元）以前物；其柱础层数繁多，雕镂繁缛者，多为明清以后物，但六朝以前有以坐狮为柱础，背上立柱者。

9. 屋顶坡度缓和者古，陡峻者近。

10. 檐出远者古，短者近。

11. 一切雕饰结构简洁者古，繁杂者近。

12. 角柱及正脊升起者，为元以前物。

13. 平面柱位置有不规则者，多为元以前物。

砖石塔鉴别总原则

1. 塔为佛教建筑物，多建于佛寺内或寺附近。

2. 中国佛塔为印度窣堵坡之变形，为标志佛迹之纪念建筑，故僧墓亦作各种塔形，称为墓塔。

3. 在各县城之东南或南方山冈上者多为文峰塔，为科举时代之风水塔，多明、清两朝建。

4. 塔平面方形者多为隋、唐、五代所建，但东北有少数金代方塔，西南有少数宋代方塔，清代亦有极少数方塔。

5. 平面六角、八角者多为五代以后至清代间所建；但五代以前河南嵩山嵩岳寺有北魏十二角塔，会善寺有唐天宝间八角墓塔，山西五台山佛光寺有魏齐间墓塔。

6. 唐及唐以前塔多中空，如直立空筒，各层安木楼板木梯。

7. 宋及宋以后塔多有"塔心"，各层留砌走廊回绕塔心，梯道或螺旋而上，或由塔心穿过达次层。

8. 唐及唐以前密檐塔多"收杀"圆和，轮角略如炮弹形，辽、宋以后密檐塔收杀较生硬。

9. 华北及东北四省八角或四方密檐塔，有斗栱或仅叠涩出檐，收杀下甚圆和，塔下有高而雕饰华丽之须弥座者，多为辽、金以后物。

10. 唐代多层塔各层塔身较高，檐出远而厚，如有斗栱多"一斗三升"

不出跳。

11. 宋代多层塔，各层塔身较唐代略矮，如有斗栱多出跳。

12. 五代、辽多层塔有模仿木构形者，甚为忠实。

13. 江浙宋代多层塔，塔身砌出柱额形者，柱多作扁方柱，檐多在斗栱之上出叠涩。

14. 砖石斗栱在一斗三升两朵之间用人字形栱者至迟为唐物。

15. 多层八角塔，八隅作圆柱形，斗栱比例小而密或不用斗栱，檐短而小者，多为明清建筑。

16. 瓶形塔为喇嘛教所特有，为元、明、清所建，颈粗而尖近似圆锥形者古，颈瘦而近似筒形者近。

17. 铁塔多宋代物。

18. 铜塔多明代物。

19. 凡塔几均为二三百年乃至千数百年古物，宜一律保护。

砖石建筑（砖石塔以外）鉴定总原则

1. 石阙为古宫殿、庙宇、陵墓前之标志，现存者均为汉物。

2. 石"祠"多为汉物。

3. 北方石窟造像，多魏、齐、隋、唐物。

4. 杭州石窟造像多宋物。

5. 经幢多为初唐以后、元末以前物。

6. 多孔石桥多为明、清物。

7. 无梁殿多为明万历以后物。

附录二
本书篇目出处索引

第1讲 建筑是什么

本文节选自《古建序论》，题目为编者所加。《古建序论》一文原刊于《文物参考资料》1953年第3期，为梁思成在考古工作人员训练班上的讲演，由林徽因整理。

第2讲 中国建筑的沿革

本文节选自《古建序论》，题目为编者所加。《古建序论》一文原刊于《文物参考资料》1953年第3期，为梁思成在考古工作人员训练班上的讲演，由林徽因整理。

第3讲 中国建筑的九大特征

本文节选自梁思成1964年7月所著《〈中国古代建筑史〉（六稿）绪论》，题目为编者所加。手稿存原建筑工程部建筑科学研究院档案。

第4讲 建筑的艺术

本文节选自梁思成所著《建筑和建筑的艺术》，题目为编者所加。原载《人民日报》1961年7月26日第七版。

附 林徽因讲中国建筑彩画图案

本文节选自林徽因《中国建筑彩画图案》的序。

第5讲 中国建筑师

本文源自梁思成为《苏联大百科全书》写的专稿。全文分两部分，第一部分为中国建筑，第二部分为中国建筑师，即本文。

第 6 讲 中国建筑之两部"文法课本"

本文原载《中国营造学社汇刊》1945 年第七卷第二期，梁思成著，本文是节选。

第 7 讲 中国的佛教建筑

本文原载《清华大学学报》1961 年 12 月第八卷第二期，梁思成著，本文是节选。

第 8 讲 佛教石窟造像

本文节选自梁思成、林徽因、刘敦桢合作的《云冈石窟中所表现的北魏建筑》，标题为编者所加，全文载《中国营造学社汇刊》1933 年第四卷第三、四期。

附 龙门石窟

本文节选自《[译文]华北古建调查报告》，是梁思成为北京大学和清华大学作关于建筑历史的英文演讲稿，未曾发表，打字稿现存清华大学建筑学院档案。根据文章内容推断，应写于 1940 年，当时梁家正住在昆明。

附 天龙山石窟

本文节选自《[译文]华北古建调查报告》，是梁思成为北京大学和清华大学作关于建筑历史的英文演讲稿，未曾发表，打字稿现存清华大学建筑学院档案。根据文章内容推断，应写于 1940 年，当时梁家正住在昆明。

第 9 讲 敦煌壁画中的中国古建筑

关于唐以前建筑的概括性论述，梁思成先生曾写过两篇文章。第一篇是《我们所知道的唐代佛寺与宫殿》，发表在 1932 年出版的《中国营造学汇刊》第三卷第一期。第二篇即本文，发表于 1951 出版的《文物参考资料》第二卷第五期，比前文更有丰富与发展，时代也扩大到北朝至宋初。这里是该文的节选。

第 10 讲 中国的塔

本文节选自《祖国的建筑》，题目为编者所加。《祖国的建筑》系梁思成在中央科学讲座上的讲演速记稿，1954 年 10 月由中华全国科学技术普及协会出版单行本。

附 最古木塔山西应县木塔

本文节选自《[译文]华北古建调查报告》之《中国唯一的木塔》，是梁思成为北京大学和清华大学作关于建筑历史的英文演讲稿，未曾发表，打字稿现存清华大学建筑学院档案。根据文章内容推断，应写于 1940 年，当时梁家正住在昆明。

附 最古的砖塔河南嵩山砖塔

本文节选自《[译文]华北古建调查报告》之《中国最古老的砖塔》，是梁思成为北京大学和清华大学作关于建筑历史的英文演讲稿，未曾发表，打字稿现存清华大学建筑学院档案。根据文章内容推断，应写于 1940 年，当时梁家正住在昆明。

第 11 讲 店面——北平

本文写于 1937 年 1 月，是梁思成为《建筑设计参考图集》第三集《店面简说》写的说明文，本文是节选。

第 12 讲 民居——山西民居

本文节选自林徽因、梁思成合著的《晋汾古建筑预查纪略》，原题为《山西民居》，全文载《中国营造学社汇刊》1935 年 3 月第五卷第三期。

第 13 讲 桥——河北赵县安济桥

本文节选自梁思成所著《赵县大石桥即安济桥》，全文载《中国营造学社汇刊》1934 年第五卷第一期。

第 14 讲 蓟县独乐寺观音阁及山门

本文节选自梁思成所著《蓟县独乐寺观音阁山门考》，全文载《中国营造学社汇刊》1932 年第三卷第二期。

第 15 讲 山西五台山佛光寺

本文节选自梁思成所著《记五台山佛光寺的建筑》，全文载《文物参考资料》1953 年第五至六期。

第 16 讲 山西太原晋祠

本文节选自林徽因、梁思成合著的《晋汾古建筑预查纪略》，原题为《太原县晋祠》，全文载《中国营造学社汇刊》1935 年 3 月第五卷第三期。

第 17 讲 山东曲阜孔庙

本文原载《旅行家》杂志 1959 年第 9 期，梁思成著，原题为《曲阜孔庙》。

第 18 讲 北京经典古建

节选自林徽因《我们的首都》，题目为编者所加。

第 19 讲 建筑的民族形式

本文系梁思成 1950 年 1 月 22 日在营建学研究会的讲话稿。

第 20 讲 安居在有机秩序中

本文原标题《市镇的体系秩序》，原载 1945 年 8 月重庆《大公报》，后刊入 1945 年 10 月的《公共工程专刊》第一集。

附录 古建筑鉴别总原则

本文节选自《战区文物保存委员会文物目录》，标题为编者所加。